ロボットエイジ

人間との共存は可能なのか

——ロボットビジネスにおける50の視座——

岡村徹也［著］

まえがき

人類の歴史は、科学技術の進化と共に歩んできました。蒸気機関から電気、そして情報技術の時代へと、私たちは常に新たな変革を起こし、経験してきました。そして今、私たちが立ち向かう新たなる変革が目前に迫っています。それは、ロボティクス（ロボット工学）とＡＩ（人工知能）の時代で、これまでに地球が経験してきた「ディノサウルス（恐竜）エイジ」「ヒューマン（人間）エイジ」の後にやってくる新たな時代「ロボットエイジ」とでも呼ぶべきものです。

ロボットはもはや単なる工場の機械作業者ではなく、私たちの身の回りで多様な役割を果たす存在として台頭してきています。自動運転車両、医療ロボット、介護ロボット、教育ロボット、コンパニオンロボット、エンターテインメント、アート分野での活用まで、ロボットの進化はあらゆる側面で私たちの生活を変えつつあります。

「ロボットエイジ」では、さまざまな産業や社会領域でロボット技術が活用され、効率化や革新が進むことが期待されます。しかし同時に、この変化は人間環境への影響や社会の持続可能性についても新たな課題を提起しており、バランスの取れたアプローチが求められています。技術と共に、環境保護や社会的インクルージョン（包摂）の価値も尊重しつつ、未来を築いていく必要があります。

本書では、「ロボットエイジ」の到来という未曾有《みぞう》の局面について、その意味や社会全体に及ぼす影響、新たなビジネスの視座を探求していきます。この変革がもたらす可能性や課題に焦点を当て、50のテーマを取り上げます。なぜ、今この取り組みが必要なのかを少し説明したいと思います。

1970年代から1980年代にかけて、日本で多くのロボットアニメ作品が制作されました。その中には『マジンガーZ』『機動戦士ガンダム』『ドラえもん』など、多くの人に影響を与えた作品があります。これらの作品はロボットの活躍を描いており、多くの人々がロボットに憧《あこが》れました。私もそのひとりで、これらのアニメに触発されてプラモデルにも夢中になりました。

私は長らくエンターテインメント分野での経験を積んできました。国内外のアーティストのコンサートや美術展など、100を超える各種イベントの企画・運営に携わりました。2005年の日本国際博覧会「愛・地球博」では、アニメ作品『攻殻機動隊』『機動警察パトレイバー』で知られる押井守監督を起用し、パビリオン「夢みる山」テーマシアター『めざめの方舟《はこぶね》』を企画・プロデュースしました。

こうした知見を活かすような話の延長線上で、約1年前、ロボットビジネスと接点を持つ機会が生まれました。これからの時代に活躍するサービスロボットを取り扱う専門商社とのビジネスが始まり、現在はロボット商社の顧問を務めています。私はエンターテインメントの世界で培った知識とメディア企業での経験を、ロボットビジネスに注ぎ込んでいます。

このロボットビジネスへの接触と同時に、ChatGPT（人間のような自然な会話ができるＡＩチャットサービス）などのＡＩ技術の台頭が顕著になりました。ＡＩは以前から研究されていましたが、近年では一般にも浸透し、ＡＩブームが巻き起こっています。ＡＩの人間社会への影響や課題についても多くの議論が行われています。ＡＩによる雇用の減少や、人間の仕事の自動化への懸念も広がっていますが、こうした問題が本格化するのは、ＡＩによってロボットが発達したときであると考えています。

「ロボットエイジ」の到来に伴って、新たな課題と可能性が浮上しています。この急速な変化に対応し、ロボットビジネスを新しい視点から考える必要があります。この文脈で、私は多くのロボットに関連するテーマについて思考し、それについて本書にまとめました。

書籍を執筆する際、「ロボットエイジ」をどのように捉えるかによって、文章のトーンが大きく異なります。私は、全体として、ロボットが人間の幸福に貢献するものとして捉えています。この考え方は、私が幼少期にロボットアニメに触れ、ロボットに対する親和性を培った結果かもしれません。日本の文化において、ロボットは違和感なく受け入れられ、むしろ親しまれています。私は、人間とロボットの関係が、のび太とドラえもんのように、人間の成長をサポートする形で進化することを期待しています。

私の視点は、ロボットが人間のビジネスを奪うのではなく、人間がより創造的な活動に専念できるようにロボットがサポートする可能性に焦点を当てています。ロボットを上手に活用することによって、より豊かな生活が実現できると考えています。現在、多くの業界で人手不足が問題となっており、ロボットはこの課題の解決にも貢献できるでしょう。

現状、日本はロボット市場で遅れを取っている面もありますが、海外からのベストプラクィス（最善の方法）を取り入れつつ、価格・サイズ・デザインなどについて日本市場に合わせた製品を開発できると考えています。さらに、システムとロボットが連携することが将来的に重要となるでしょう。スマートシティ（デジタル技術を用いてあらゆる面で最適化された運営都市）構想など、ロボットがビジネスに与える影響は多岐にわたり、未来にはさらなる可能性が広がっています。

サービスロボット市場は急速に成長しており、中古市場やメンテナンス市場も今後は活性化するでしょう。この変化に対応し、新たなビジネスチャンスを見つけることが求められます。つまり、新たな時代「ロボットエイジ」に適応するために、今から行動を起こすべきです。この本はアイデアとヒントを提供し、この新しい時代に成功する手助けとなることを目指しています。

目次

第3章　ロボットが「文化」「医療」を担う……121

第1章

産業・環境分野で必ず起きること

〈1〉ロボットが「幸せ」をつくりだす

ロボットの進化は人類が生み出した技術と共に進行し、まずは工業分野において大きな影響をもたらしました。その始まりは「単純作業を自動化する」という試みからでした。

特に自動車産業や電子工業などでは、初期のロボットが製造ラインでの組み立てや溶接といった単調な作業を担当したことによって、「生産性の向上」と「労働者の安全確保」に貢献しました。例えば、自動車産業では初期の組み立てラインでの使用が広がったため、繰り返し作業を高速かつ正確にこなすことが可能となり、生産効率の向上が実現できたのです。同様に、電子工業では基盤製造や部品の取り付けといった繊細な作業に活用されたことから、品質向上と同時に作業者の健康面と安全面が保障されたと言えます。

しかし、これら初期のロボットの能力は限定的で、「複雑な判断や認識」「柔軟な動作」といった高度なスキルは持ち合わせていませんでした。この段階のロボットは、あらかじめプログラムされた一連の指示に基づいて動作するに過ぎず、環境や状況の変化に対応する能力は限定的だったのです。そのため複雑な状況判断が必要な場面では人間が介入しなければならず、いわば「単純作業の補完的な役割」に過ぎませんでした。

初期のロボットの進化は「人間の労働力を効果的にサポート」する一方で、その限られた能力によって「人間との協調関係を維持」してきました。ロボットの適用範囲が限定されていたため、一部の業務における作業の自動化や効率化については成功を収めましたが、複雑なタスク（コンピュータが処理する仕事の最小単位）への適応は難しい状況でした。ところが、技術の進歩によって、ロボットがより複雑なタスクに適応できる能力をどんどん獲得し、その役割が多岐にわたってきたのです。

例えば、医療分野では、高い精度と安全性を備えた手術支援ロボットの登場によって、手術の成功率向上と患者の回復の迅速《じんそく》化が期待されています。介護分野では、介護ロボットが「移動支援」「薬の管理」「食事支援」などさまざまな活動に介入して高齢者の生活環境を向上させるだけでなく、介護ロボットが高齢者との会話や情報提供を通じて「孤独感の緩和」「心のケア」などを行うようになっていくでしょう。

また、農業分野では、農作業ロボットを導入すれば、人手不足という問題が解決するわけです。加えて、農作業ロボットが正確な収穫作業や作物の健康状態の監視を代行してくれるので、品質向上と収量増加にもつながります。エネルギー分野では、人間の安全性を確保するため、原子力発電所の廃炉作業や風力発電のメンテナンスといった危険な環境での作業をロボットが代行してくれるでしょう。

そして、教育分野では、教育ロボットが子供たちの学習をサポートすることによって、興味を引き出しながら知識を伝える役割を果たすようになってきました。加えて、言語学習では異なる言語を話す相手としてロボットが活用され、実践的なコミュニケーション能力を向上させる支援も始まっています。エンターテインメント分野では、ロボットが楽器・演技・描画などを実演したり、アート制作に参加したりすることによって、新たな芸術のジャンルやスタイルが誕生する可能性を高めています。

このように多様な分野でロボットの活用が進み、その能力と応用はますます広がっていくことでしょう。工業用途から始まったロボットの進化は、医療・介護・農業・エネルギー・教育・エンターテインメントといった私たちの生活や社会のあらゆる側面に影響を及ぼし始めてきました。この多様な分野での活躍こそが、「ロボットエイジ」の到来を象徴するものなのです。

こうした技術の進化に伴って、人間の労働や社会構造は変化しており、労働力不足や高齢化といった課題に対して、ロボットは有望な解決策を提供しています。ロボットの進化は新たな産業の形成やビジネスモデルの革新を促すと共に、経済や産業の発展を牽引《けんいん》する役割を果たしており、ロボティクス（ロボット工学）産業やＡＩ（人工知能）産業が急速に成長することよって、新たな雇用の創出や経済の活性化が期待できるというわけです。

また、ロボットの進化は私たちの日常生活にも変化をもたらします。自動運転車が普及すれば、交通事故のリスクが低減し、移動手段が効率化される一方で、新たなモビリティスタイル（自動車による移動や運搬の様式）が登場するでしょう。スマートホーム（インターネットを介して家電や住宅設備をコントロールできる家）技術と連携した家庭用ロボットが普及すれば、快適な生活空間を提供することはもちろん、家事の負担まで軽減してくれます。AI搭載のアシスタントロボットが普及すれば、日常生活の質を向上させるだけでなく、私たちの行動パターンや好みを学ばせながら、よりパーソナライズ（個人に合わせて最適化すること）したサービスが提供できるのです。

このようにロボットの存在感の拡大は、私たちの社会に新たな可能性を開かせ、未来の展望を豊かなものにしていくでしょう。技術の進化と共にロボットとの共生を進めることができれば、より持続可能で効率的な社会を築いていけるはずです。つまり、「ロボットエイジ」の到来は、人間とロボットが共に生きる未来への扉を開くものであり、その可能性は無限に広がっているのです。

〈2〉人間は職を奪われないのか

ロボットと人間が協力して働く社会が現実となるのは、遠い未来の話ではありません。急速な技術の進化によって、ロボットと人間の共生はますます実現の可能性を増しているからです。

ロボットと人間との協働が実現すれば、労働市場は大きな変革を迎えるでしょう。単純かつ反復的な作業はロボットが担当し、人間は知的で創造的な仕事に従事する機会が増えていくことが予想されるからです。例えば、工場内の組み立て・包装・製品の検査といった単純作業はロボットが行い、人間は新商品の開発や販路の開拓といった創造性や戦略的思考を必要とする業務に特化していきます。それに伴って、労働時間や条件の見直しはもちろん、個々のスキルを活かした仕事や新しい分野での職業を模索する必要が生じます。このようにロボットとの協働の促進は、ワークライフバランス(仕事と生活との調和)の向上にもつながるはずです。

労働市場の変革は、人間が持つスキルの価値を高騰《こうとう》させるでしょう。従来の単純作業をロボットに取って代わられる中で、人間には「コミュニケーション能力」「問題解決能力」「意思決定能力」といった高度なスキルが求められます。つまり、ロボットが得意とする論理的思考やデータ処理に対して、人間は情熱や直感的な判断、倫理的な観点からの意思決定を行うことが重要になるのです。ロボットには難しい人間独自のこれらのスキルを習得するためには、労働者は継続的にスキルアップや再教育を行わなければなりません。こうした能力を身につける方法として、これからは教育者が学生のソーシャルスキル(社会的能力)や共感力の育成に注力する必要があります。知識だけでなく、人間らしいスキルや人間性を育てる教育が重要になってくるのです。

さらに、ロボットとの協働の促進は、新たな職種や専門分野を生み出すかもしれません。特に「ロボットの運用」「メンテナンス」「プログラミング」「ロボティクスの専門家」など、人間の知識と技術が求められる分野が増えると予想されます。それに伴って、人間らしい価値や特性が再評価され、ますます共感・感情・倫理的な判断力といった人間固有の能力が重視される傾向が高まっていくことでしょう。

ロボットとの協働によって、社会的な課題への新たなアプローチが生まれることも期待したいところです。人間とロボットが連携して環境問題や医療分野の新たな解決策に取り組めば、持続可能な社会や医療の進歩が加速するでしょう。こうした取り組みにおいても、人間の感性や倫理的な判断が重要な役割を果たすと言えます。

その一方で、ロボットとの協働の進展は、労働市場に大きな変化を引き起こし、人間の雇用機会を奪ってしまうリスクがあります。場合によっては消滅してしまう職種も考えられ、雇用の不安定化や失業リスクが生じるのは避けられません。こうした変化に適応するためには、教育システムや再教育プログラムの充実、転職支援の強化が重要です。特にデジタルリテラシー（デジタル技術を理解して適切に活用する能力）や倫理観の育成など、ロボットとの共生において必要なスキルに焦点を当てるべきでしょう。また、新たな働き方やキャリアパス（職歴を積む道）の構築を支援するためには、政府や企業の協力も求められます。

同様に、人間とロボットが共に活動する場面においては、倫理的な問題やプライバシーの保護に関する課題も浮上してきます。例えば、医療分野では、ロボットが手術を行う際の倫理的なガイドラインや責任の所在を明確にする必要があります。ロボットが個人情報やプライバシーにアクセスする場面では、情報管理やセキュリティ対策が重要です。さらに、ロボットの判断が影響する場面においては、アルゴリズム（問題を解決するための作業手順）の透明性や公平性に対する懸念が生じるかもしれません。こうした倫理的な問題に対処するためには、法律や規制の整備だけでなく、専門家の登場も必要となります。

このようにロボットとの共生から生まれる新たな挑戦と課題に対処するためには、包括的なアプローチと協力体制が不可欠です。政府・企業・教育機関・専門家・市民が協力して、多角的な対策を講じることが求められると共に、技術の進化に合わせて柔軟に対応することも大切でしょう。共生に伴う新たな問題に真摯《しんし》に対処していけば、人間とロボットの協働による社会の進化を良い方向に導けるはずです。

〈3〉ロボットが循環型社会をつくる

環境への影響と社会の持続可能性が注目されている昨今、再生可能エネルギーの活用において

「ロボットによる効率的な資源利用が、環境への負荷を軽減する」と期待を集めています。そのため、「廃棄物の削減」「再利用」「リサイクル（再生利用）」といった循環型経済モデルに対して、ロボット技術の導入が検討されています。このような観点からのアプローチを通じてロボットと社会が共に調和できれば、地球環境の保護や持続可能な社会の構築が実現できるのではないでしょうか。

ただし、これには「製造工程やエネルギー消費といったロボットによる活動が、二酸化炭素の排出量や資源消費にどのような影響をもたらすか」という課題があります。環境への影響を最小限に抑えつつ、持続可能な社会を築くためには、エコフレンドリー（地球にやさしい）な技術の導入や再生可能エネルギーの活用が不可欠です。特に太陽光や風力などを活用した電力供給は、環境にやさしく持続可能なエネルギー体制を築くための鍵となります。そのうえで、環境に配慮したロボットによる循環型経済モデルを促進し、廃棄物の最小化と資源の効率的な利用を図ることが求められているのです。

また、エコテクノロジー（環境保全技術）の進化によって、ロボット自体のエネルギー効率の向上や、省エネルギー型の設計が可能になり、環境への負荷がより軽減できるかもしれません。エネルギーを効率的に活用するためには、スマートグリッド（ＩＴ技術を活用した次世代送電網）などのインフラ整備も欠かせず、これによってエネルギーの需要と供給が最適化されれば、電力の浪費を削減できます。さらに、自動運転技術を活用した効率的な物流や製造プロセスが実現できれば、資源の浪費を減少させることも可能となるでしょう。

廃棄物の削減にも、ロボットは貢献できます。例えば、廃棄物の分別やリサイクルプロセスを効率的に行うロボットが導入されれば、環境への負荷を軽減する取り組みがさらに進んでいくはずです。また、廃棄物の再利用や再生などにもロボット技術が応用されれば、これまで以上に資源の有効活用が可能となっていきます。こうした資源利用の最適化は、地球資源を持続可能な方法で活用するためには不可欠です。

持続可能な社会の構築には、社会的インクルージョン（包摂）とアクセシビリティ（近づきやすさ）の向上が重要です。ロボット技術を活用すれば、障がい者や高齢者といった特定のニーズに合わせたサービスや支援を提供することが可能です。例えば、モビリティ支援ロボットや介護支援ロボットが障がい者や高齢者の日常生活における障壁を取り除くことによって、個々の能力を最大限に引き出す手助けを行います。

さらに、ロボットによる翻訳やコミュニケーション支援は、異なる言語や文化を持った人々との交流を促進する役割が期待されます。これによって多様なバックグラウンドを持った人々が共に学び、働き、社会に参加する機会が拡大されるため、包括的な社会の実現に寄与することになるでしょう。アクセシビリティの向上は、社会のあらゆるレベルで誰もが平等な機会を享受できるようにするための重要なステップであり、ロボットテクノロジーの進化がその実現にさらなる推進力をもたらします。

このように「ロボットエイジ」においては、循環型社会の構築が重要な目標となります。循環型社会では、モノの所有からサービスの提供へのシフトや、共有経済の推進による資源の有効活用と廃棄物の削減につながる取り組みが重視されるため、ロボットテクノロジーを活用することによって、その貢献度が高くなるでしょう。例えば、不要な家電製品や家具をリユース（再使用）できるプラットフォーム（基盤となる環境）を提供するロボットが登場すれば、消費者の意識がより向上し、廃棄物の削減が促進されるようになるはずです。また、ロボットによるリサイクルのプロセス（工程）の支援は、貴重な資源の再利用を助け、地球環境への負荷を軽減するでしょうし、ロボットが効率的に廃棄物の分別や処理を行えば、リサイクルのプロセスがスムーズに進んで循環型社会の実現に寄与するでしょう。つまり、循環型社会は資源の持続的な利用と環境保全を両立させる重要な枠組みであり、ロボットテクノロジーはその実現に向けた革新的な解決策を提供する可能性を秘めているということです。

その一方で、ロボット技術の発展と社会の持続可能性を両立させるためには、個人・企業・政府が連携して取り組まなければなりません。未来社会においては、テクノロジーの力を活用しながらも、地球環境と共に調和した社会の実現が求められているのです。

〈4〉創造性・感性・倫理がより高まる

人間の限界を超える技術や知識の進化は、ロボットと人間の協力によって「複雑な問題の解決」や「科学の進歩」を加速させるでしょう。AIとロボティクスの融合によって、従来では不可能とされていた課題への取り組みや解決策が驚くべき速度で生み出されるかもしれません。

医療分野では、高度なロボティクスが手術や治療の精度を向上させ、難治性疾患の治療法の発見につながる可能性があります。薬物の研究や治験においても、ロボットが高速かつ正確な実験を行うことによって、効果的な治療法の開発を加速させるのではと期待が集まります。

宇宙探査でも、ロボットが過酷な環境下での探査や建設作業を行うことにより、宇宙の謎の解明や新たな天体への進出が可能になるかもしれません。地球外の環境は極めて過酷で、「放射線」「極端な温度変化」「無重力」などが人間の健康や生存に影響を及ぼすため、ロボットの活用は非常に重要です。宇宙船・探査機・探索用自走車といった多様な形態のロボットが宇宙探査を行うことによって、地球外の環境や生命の存在に関する情報が得られるでしょう。

こうした人間とロボットの協力関係は、社会全体の進化を切り拓くうえで大きな鍵となるかもしれません。単なる道具としてのロボットではなく、共に考え、行動し、問題を解決するパートナーとしての役割が、重要性を増していきます。人間の創造性・感性・倫理的判断といった高次の能力を、ロボットの高度な計算力や精密な制御技術と結びつけることによって、新たな次元の価値が創造されるという可能性が広がります。

また、ロボット技術の発展によって、新たなビジネスモデルが生まれる可能性もあります。例えば、ロボットの開発・製造・運用・メンテナンスといった高度な技術と専門知識を持った人材への需要が高まり、雇用機会の創出が促進されるかもしれません。ほかにも、ロボットを介してパーソナライズされた介護・教育・エンターテインメントなど多様な分野で新しいビジネスが生まれ、経済の成長を牽引していくことが予想されます。このようにロボット技術が進化することによって、人々の仕事がより生産的で意義のあるものになる可能性があり、社会全体の生活水準の向上にも貢献することが期待されています。

さらに、人間性とテクノロジーの融合が進むことも、未来における魅力的な展望のひとつです。この融合には、バイオテクノロジー（生物の能力や性質を活かした技術）やサイバーフィジカルシステム（サイバー〔仮想空間〕とフィジカル〔現実空間〕を緊密に連携させ、現実世界の問題に最適な結果を導き出すための技術）といった分野において、人間の身体や知識が拡張され、新たな次元の体験や能力が開かれる可能性が広がっています。例えば、コンピュータインターフェース（コンピュータと周辺機器を接続する部分）の進化によって、人間の脳がコンピュータと直《じか》に接続されれば、高度な計算や情報処理能力を得ることができるようになるかもしれません。

人間の脳をハードディスクとして考えてみると、老いることによってそのキャパシティ(容量)は縮小し、処理速度も低下します。これに対してロボットは、ボディが古くなれば新しいものに交換でき、人間の脳に置き換わるハードディスクのプロセッサ(処理装置)も処理速度の速いものへと既存データを活かしながら移し替えられるので、その成長は時を超えていきます。ロボットの中枢となるプロセッサやコンピューティングユニット(コンピュータ内で計算を担当する主要な構成要素)は、進化に合わせてアップグレードすることによって、処理速度や容量の向上が実現できます。このようにロボットは比較的容易に技術の進歩に適応し、長い時間を超えて持続的に高いパフォーマンスを維持することが可能なのです。

人間の脳に関して言えば、複雑な学習や経験が蓄積されているため、これを新しい〝ハードウェア〟に移行することは容易ではありません。しかし、ロボット技術が進化する未来には、その解決策や人間の制約を超えた新しい展望が生まれている可能性も考えられるのです。

もちろん、このような進化は、倫理やプライバシーの観点からも深刻な議論が求められます。人間とテクノロジーの融合によって生まれる新たな倫理的な課題や社会的な影響を考慮しつつ、バランスを保ちながら進化していくことが重要です。

〈5〉都市機能が大幅に向上する

スマートシティ（デジタル技術を用いてあらゆる面で最適化された運営都市）や交通・交通制御など、都市の効率化や持続可能性におけるロボット技術の貢献が進んでいます。スマートシティの概念の普及に伴って、ロボットはインフラ運用やサービス提供において重要な役割を果たす存在となっています。

都市の成長と人口の増加に伴って、交通インフラの効率化と持続可能性の確保がますます重要になってきました。交通渋滞の緩和や交通流の最適化は、都市の円滑な運営において重要な目標と言えます。ロボットは交通データの収集と解析を通じて、リアルタイムで交通状況をモニタリングできるので、これに基づいて信号制御や道路車線の最適な配置といった手段を提案することが可能です。

自動運転技術は、交通事故の削減や効率的な輸送手段の提供に向けた重要なステップです。ロボット技術を応用した自動運転車は、センサーやカメラを利用して周囲の状況を把握し、安全で効率的な運転を実現します。特に自動運転車同士のコミュニケーションである「モビリティ・リンケージ（自動運転車同士が通信して効率的な交通フローを実現する技術）」によって、交差点や合流地点での交通フローの最適化が可能となるでしょう。

また、駐車場の空き状況のモニタリングと管理は、都市の渋滞緩和に大きな影響を与えます。ロボットを用いた自動駐車案内システムが車両の位置を検出し、空きスペースを見つけて運転手に案内すれば、駐車の迅速化とスペースの最適利用を促進できます。同様に、ロボットによる監視カメラやセンサーを駆使して、危険な運転行為や交通違反を検出し、警告や違反の取り締まりを行えば、交通安全の向上に寄与するはずです。さらに、ロボットが高所や危険な場所はもちろん、アクセスが難しい道路や橋梁の点検を行えば、早期の損傷や劣化を発見できるでしょう。加えて、自動配送車やドローンによる配送が実現すれば、都市内の物流の効率化が加速します。特に最終配達段階での効率化と環境への配慮が求められており、ロボットによる配送はその課題への解決策となる可能性があるのです。

このようにロボット技術は交通・交通制御分野において、都市の効率化と持続可能性の向上に大いに貢献できると期待されています。「交通流の最適化」「自動運転技術の進化」「駐車場の効率化」「交通安全と監視」「都市インフラの点検と保守」「物流の効率化」など、多様な側面でロボットが重要な役割を果たすことができるでしょう。

スマートシティの概念の拡大に伴って、公共サービスの向上と持続可能な都市運営も求められています。こうした課題において、ロボット技術は公共サービス分野でも重要な貢献を果たす可能性が高まっています。

公園・道路・歩道・公共建築物といった施設の定期的なメンテナンス作業は、都市の美観と機能を維持するためには不可欠です。ロボットは清掃・草刈り・ゴミ回収などの作業を効率的に実行し、人的労力と時間を節約します。高所での作業など、難度の高い作業をロボットが担当すれば、作業の安全性もさらに向上するでしょう。また、ロボットがゴミ分別の指導やゴミ回収プロセスの自動化を実現すれば、効率的なリサイクルや廃棄物管理を支援できます。

そして、公共交通の利便性を向上させるため、将来的にはロボットが駅やバス停での案内や情報提供を行うかもしれません。自動案内ロボットが地図を読み込んで最適な経路を案内すれば、観光客や新住民へのサポートにもつながります。

さらに、災害時や緊急事態への迅速な対応も不可欠です。ロボットは「被災地の捜索」「救助」「物資の配布」など、人間が危険にさらされる状況下でも有益な役割を果たします。災害時の情報提供や避難誘導においても、ロボットの活用が期待されています。

このように公共サービス分野においても、ロボット技術は効率的な運営と持続可能な都市の構築に向けて重要な役割を果たす可能性があります。「施設のメンテナンス」「ゴミの分別と処理」「公共交通の運営」「防災と緊急対応」など、幅広い分野でロボットが貢献できるでしょう。その結果、スマートシティの概念がより現実味を帯びることが期待されます。

スマートシティの実現に向けては、情報技術とロボティクスの融合が進展しています。センサーやネットワークを通じたデータ収集と分析によって、エネルギーの効率的な利用や資源の適切な活用も進むはずです。災害時の早期警戒や避難支援においても、ロボットは都市の安全性と防災能力の向上に貢献します。

その一方で、ロボットと都市の融合には課題も存在します。技術導入に伴うコスト（費用）やリソース（資源）の問題、人々のプライバシーやデータセキュリティの保護などがあげられます。これらの課題に対処するためには、適切なガイドラインや規制といった法的な枠組みの整備が求められます。未来の都市デザインにおいては、ロボットがインフラやサービスの一部として組み込まれている「持続可能な都市生活の実現」が期待されているのです。

〈6〉自動運転は当たり前に普及する

ロボットとモビリティの進化は、交通と移動手段の領域に革命的な変化をもたらす可能性を秘めています。例えば、自動運転技術の進化は、交通の未来に大きな影響を及ぼす要因のひとつです。

自動運転車は高度なセンサー技術やＡＩを活用して、周囲の状況をリアルタイムで認識し、適切な運転判断を行う能力を持ちます。これによって人為的なヒューマンエラーを軽減し、交通事故のリスクを低減させると同時に、交通効率の向上に貢献します。

また、自動運転技術が進むことによって、運転者の負担やストレスが軽減され、移動中にほかの活動を行うことが可能となるため、快適性の向上が期待されます。この自由な時間は、クリエイティブな作業やリラックス、さらには移動中の教育や娯楽の機会として有効活用されるでしょう。このように自動運転は単なる移動手段を超えて、新たな生活スタイルやビジネスモデルの創造を促進する可能性を秘めています。

そして、複数の自動運転車や交通インフラが連携し、リアルタイムで情報を共有しながら交通制御を行うことによって、渋滞や混雑を効果的に緩和するシステムが実現されるでしょう。加えて、AIによる交通信号の最適化やルートの最適選択のほか、車両間のコミュニケーションによって交通フローがスムーズに調整されれば、移動時間や燃料消費が削減されると共に環境への負荷が軽減される効果が期待できます。

さらに、個人用の移動ロボットやドローンなどのエアモビリティ（身近で手軽な空の移動手段）を導入することによって、都市内の移動手段が多様化し、最適なルートで効率的に移動することが可能となります。特に路地や歩道をスムーズに移動できる小型ロボットが普及すれば、従来の交通手段に比べて効率的で環境にやさしい移動が実現するでしょう。

未来のモビリティはロボット技術の進歩と結びつき、より安全で効率的かつ環境に配慮した移動手段を提供する可能性を持っています。しかし、これには技術的な進化だけでなく、「法規制」「インフラ整備」「社会的な受容度の向上」といった面でも取り組むべき課題が存在します。例えば、自動運転車が実現した場合、運転の主体がＡＩに移ることになり、運転中の事故やトラブルに対して「責任の所在がどこにあるのか」という問題が生じます。運転者とＡＩの区別が曖昧《あいまい》な状況下で、「誰が責任を取るべきなのか」という法的な取り決めが必要です。

また、自動運転車が遭遇《そうぐう》する複雑な状況や判断の難しい状況に対処するための倫理的な基準も考慮する必要があります。運転者の意思決定を模倣するＡＩが、「突然の緊急事態にどのように反応すべきか」という点においても検討が必要です。こうしたシナリオに対処するために、ＡＩのプログラミングや訓練において、法的・倫理的な優先順位を導入する手法が模索されています。

さらに、ロボットと人間が交通環境を共有する場面において、安全性と共有空間の確保が大きな懸念事項となります。自動運転車と従来の車両・歩行者・自転車などが同じ道路を共有する際、相互の行動予測やコミュニケーションが円滑に行われなければなりません。特にロボットの行動が人間にとって理解しにくい場合や、予測不能な動作が発生した場合において、安全な共有空間を維持するための基準や規則が必要です。この点においては、技術だけでなく、法的な枠組みや教育、社会的な合意形成が欠かせないと言えるでしょう。

このように未来のモビリティの在り方においては、これらの課題に対する適切な解決策が求められます。ロボットが交通の安全性や効率性、環境への配慮などに貢献する一方で、法的・倫理的な側面も十分に配慮されるべきです。テクノロジーの進歩を活かして、持続可能な未来のモビリティが実現されるためには、産業界・政府・学術機関に加えて、市民の連携が重要です。「適切な法制度や規制の整備」「透明な意思決定のプロセスの確立」「倫理的なガイドラインの策定」などが、ロボットとモビリティの進化を支えていく土台となるでしょう。

〈7〉農家の後継者不足問題はなくなる

高度なセンサー技術と自律制御機能を備えたロボットが、過酷な手作業を必要とする種まき・草刈り・肥料散布といった畑仕事を効率的に遂行できれば、農作業の精度と生産性が向上していくでしょう。これによって農業労働者の負担が軽減されることはもちろん、作物の収量や品質の向上も期待されます。

また、ロボットは24時間体制で作業を行えるため、作物の生育環境の最適化も進むはずです。これに伴って、気候変動や季節の制約を超えた農産物の安定供給が可能になります。例えば、センサーやカメラを搭載したロボットが、作物の成長状況や病害虫の発生をリアルタイムでモニタリングすれば、必要な施肥《せひ》や農薬散布のタイミングを最適化できるかもしれません。これによって無駄な資源の使用を減少させつつ、環境負荷を軽減しながら生産性を向上することが可能です。さらに、農地の地図化やデータ解析を通じて、適切な作物配置や管理方法の提案が行われれば、持続可能な農業経営が推進されるでしょう。

その一方で、農業分野におけるロボットの導入には課題も存在します。高度な技術と設備の導入には一定のコストがかかるため、「農業者がコストをどのように負担するか」を検討する必要があります。また、農作業は自然環境との調和が重要であることから、「ロボットの導入による生態系への影響」も懸念されます。こうした課題に対処するためには、技術と環境のバランスを考慮しつつ、地域ごとのニーズに合わせたロボットの開発と導入を進めるべきでしょう。

さらに、作物の収量や品質に直結する収穫作業は、農業の重要なプロセスであるにもかかわらず、労働集約的な性質から「人手不足」が深刻な課題となっています。この課題に対しては、収穫ロボットの導入が画期的な改善をもたらすかもしれません。例えば、収穫ロボットが高度なセンサー技術と画像処理技術を活用し、果物や野菜の状態をリアルタイムで判別して適切な熟度や状態で収穫を行えれば、作物の品質向上と同時に効率的な収穫作業を実現できます。これによって収穫作業に関わる人的リソースの大幅な削減が可能となることはもちろん、農業生産の持続可能性が向上するため、農業労働者の負担も軽減されるでしょう。

加えて、収穫ロボットは大量のデータを収集しながら作業を行うため、収穫の記録や品質分析が容易にできるという利点もあります。これをもとに作物の生育過程や品質変動の傾向を把握できれば、将来の栽培計画や管理方法の最適化に役立てられるはずです。このように収穫だけでなく、選別や検査作業においてもロボットの活用が進めば、一貫性のある品質管理が確保されるでしょう。

ただし、収穫ロボットの導入にはいくつかの課題も存在します。例えば、作物の種類や形状によって適切な収穫方法が異なるため、多様な作物に対応する汎用《はんよう》性の高いロボットの開発が求められます。また、農地の状況や地形に合わせてロボットを適切に操作する技術とノウハウの蓄積も不可欠です。

これからの農業には、「食料供給の安定」と「環境保全」の両面を考慮した持続可能なアプローチが必要です。ロボット技術は、その実現において鍵となる要素のひとつです。例えば、「スマート農業」と呼ばれる自動的な水やりや肥料供給を実現する取り組みには、ロボットの存在は欠かせません。ロボットがセンサー技術とデータ解析を活用し、土壌の水分状況や栄養バランスをリアルタイムでモニタリングしながら必要時に正確な量を供給できれば、より効率的な農業管理が実現されるからです。また、ロボットが病害虫の早期発見や防除にも寄与すれば、農薬の過剰使用を抑制しつつ、作物の健全な成長を支援できるでしょう。

特に精密農業は、各農地の微細な状況や変動を考慮しながら最適な農業管理を実践する手法であり、これにロボット技術を組み合わせることで、より高度な農業生産が可能となります。ロボットはドローンや自動走行トラクターなどと連携して農地の特性をマッピングし、畝《うね》ごとに異なる処理を行います。例えば、特定の畝には水やりが必要で、別の畝では肥料を調整する必要がある場合など、それぞれの畝の状態に適した作業が適切なタイミングで行われるようになります。これによって資源の浪費を減少させながら、収量や作物の品質の向上が可能となるのです。

その一方で、農業におけるロボットの活用にはいくつかの課題も存在します。農作業は環境や季節の変化に対して敏感なことから、ロボットの操作やメンテナンスが難しいという状況が生じます。また、導入コストや技術的なハードルも課題となるでしょう。これらの課題に対処するため、耐久性や信頼性を高めるための研究が進行中であり、新たなロボット技術の開発と実用化が期待されています。

このようにロボットと農業の未来は、技術革新と伝統農法の融合によって描かれ、「農業の生産性向上」と「環境保全」が共に進む方向へ展望されています。技術の進化と持続可能なアプローチの統合によって、農業はより生産的で効率的なものとなり、地球環境との調和を保ちながら食料生産が行われる未来が実現するでしょう。

〈8〉単純作業の現場から人が消える

ロボットによる経済の変革は、産業構造やビジネスモデルの再構築を引き起こし、経済の在り方にも影響を与えます。ロボットの普及によって、雇用構造も変化するでしょう。単純作業や繰り返し作業の自動化によって労働力の需要が低下し、一部の職種が減少する一方で、新たなスキルや専門知識を要する分野においては需要が拡大する可能性があります。このような変化に適応するためには、労働者の再教育やスキルのアップデートが重要です。

新たなビジネスモデルの創出も、ロボットによる経済変革の一環です。ロボット技術の進化によって、従来の産業構造やビジネスプロセスが見直され、効率的なサービスや商品提供が可能となります。例えば、自動運転技術を活用した新たな交通システムやロボットを活用した配送サービスなどが登場し、市場の変化を促進するでしょう。ロボットを活用した新たなエンターテインメントや体験サービスの提供によって、消費の在り方も変わる可能性があります。

ただし、ロボットによる経済変革には課題も存在します。労働市場における格差の拡大が懸念され、高度なスキルを必要とする職種が増加する一方で、低賃金労働者にとっては雇用機会の減少が生じるかもしれません。ロボットによる自動化が進むことによって懸念される労働者の失業問題については、社会的な安定性の確保が求められるでしょう。また、ロボット技術の導入には高額な初期投資が必要であり、中小企業への影響も考慮すべきです。

このように「ロボットエイジ」における経済変革は、「新たな産業の創出」や「効率的な経済の構築」を可能にする一方で、「雇用の変化」や「社会的な課題」にも対処する必要があります。経済政策や教育制度の見直しを通じてロボットと人間の共存を促進し、持続可能な経済の実現を目指すことが重要です。

また、ロボット技術を活用した新たなサービスや商品が登場することで、市場ダイナミクス（生産者と消費者の価格と行動に影響を与える力）が変化することが予想されます。

同時に、生産性の向上や効率化によって企業の競争力が向上し、経済成長が促進される可能性もあります。例えば、自動化された製造プロセスによって製品の生産効率が向上すれば、企業はより多くの製品を生産し、市場に供給することができます。同様に、ロボットによる高度なデータ解析や予測能力を活用すれば、市場トレンドや消費者のニーズを把握でき、効果的な戦略の立案に役立てることが可能です。これによって新たなビジネスチャンスが創出され、経済成長につながるというわけです。

その一方で、ロボットによる経済変革にはさまざまな技術的課題も存在します。例えば、ロボットの信頼性や安全性の確保が求められるでしょう。自動運転車のようにロボットの操作ミスが人間の安全に影響を及ぼす可能性があるため、高い品質管理やセキュリティ対策が必要となります。

こうしたロボットによる経済変革は、多様な側面から経済に影響をもたらすでしょう。「雇用構造の変化」「新たなビジネスモデルの創出」「経済成長の推進」など、これに伴う機会と課題に対する適切な対策が求められます。政府・産業界・教育機関などが連携して、ロボット技術の導入を支援し、社会全体が持続可能な変革を実現するための道筋を築くことが重要です。

人間性とテクノロジー融合の観点から見ると、「ロボットエイジ」における経済の変革は効率化や生産性の向上だけでなく、人間とテクノロジーが共存し、相互に補完しあう新たなビジョンを模索する契機でもあります。教育分野では技術スキルだけでなく、「創造性」「問題解決能力」「コミュニケーション能力」などの人間的な側面を強化する教育が重要です。新たなビジネスモデルの創出においても、人間の洞察力や感性を活かした付加価値の提供が求められます。ロボットが製造する製品に人間らしいデザインやアート的な要素を組み込むことによって、ユーザー体験がより向上し、商品の魅力がさらに高まるからです。

このように「ロボットエイジ」における経済変革は、技術の進化と共に人間の知恵や感性との結びつきを強化します。これからは作業の効率化や生産性向上だけでなく、人間性を尊重しながら個々の能力や創造性を最大限に活かす工夫が重要です。

〈9〉「国境」の概念が薄らぐ

ロボット技術を活用することによって、国際的な課題に対する解決策が見つかる可能性が広がっています。例えば、自律的なロボットが災害現場での救援活動や環境モニタリングを行うことによって、国境を越えた協力が促進されるでしょう。地震や洪水などの災害が発生した際、人々の安全を確保するために迅速な対応が求められますが、しばしば国境や物理的な制約が協力を難しくしてきました。しかし、ロボットの活用によって救援活動や被災地の状況把握が効率的にできるようになれば、国際的な支援体制が強化されるでしょう。

また、医療に関してもロボットが支援することによって、医療における「格差の是正」や「リソースの均等な分配」に寄与することが期待されます。特に開発途上国や遠隔地においては、医療サービスの不足が深刻な問題となっていますが、ロボットによって「遠隔診療」や「手術支援」が可能になれば、医療のアクセス性が向上して人々の健康状態が改善されるでしょう。こうした国際協力の領域において、ロボットは国境を越えて有益な役割を果たすことが期待されます。

さらに、国際社会における文化交流においても、ロボットは新たな展開をもたらす可能性があります。ロボットが異なる国や地域で活用されることによって、言語や文化の壁を超えたコミュニケーションが促進されるでしょう。例えば、翻訳ロボットがリアルタイムで言語を翻訳することができれば、異なる言語を話す人々が円滑なコミュニケーションを図る手助けとなるはずです。また、文化交流の場面においても、ロボットが伝統的な舞踊や音楽などの文化的な要素を紹介することによって、異なる文化に触れる機会を提供できます。こうした文化交流において、ロボットは新たな架け橋となり、人々の相互理解を深める一助となるでしょう。

その一方で、これらの国際的な貢献には課題も存在します。ロボット技術の導入や運用にはコストやセキュリティの問題がつきまとうため、適切な対策が求められます。異なる国や地域の文化や価値観を尊重しながら、ロボットの役割を設定することが必要です。異なる文化間での誤解や衝突を回避して共存を促進するためには、ロボットの運用において文化的な配慮が重要となります。同様に、技術の普及によって生じる「経済格差」や「技術格差」にも注意を払う必要があるでしょう。先進国と開発途上国との間での技術の差が拡大することによって不平等が深刻化するリスクがあるため、「技術の普及」と「教育の推進」が求められます。

国際協力や文化交流において、ロボットは世界の架け橋となり、課題解決や相互理解を促進する重要な役割を果たすでしょう。しかし、それと同時に技術的な課題や倫理的な問題も存在するので、バランスを取りながら開発を進めていく必要があります。国際社会が協力しながら持続可能な方法でロボットをうまく活用できれば、より包括的で調和の取れた未来が実現されるでしょう。

また、ロボットが異なる国や地域で活用されることによって、文化的な理解と共感が促進される可能性もあります。これは、言語や文化の壁を取り扱う翻訳ロボットの活用によってもたらされるものです。翻訳ロボットが普及すれば、異なる言語を話す人々が円滑なコミュニケーションを図ることが容易になり、異なる文化間の交流が活発化するでしょう。特に国際会議やイベントなどの場面で、ロボットの翻訳技術が活用されれば、参加者同士がより深い対話を展開し、国際的な共感が生まれるはずです。

さらに、アートやエンターテインメント分野でも、ロボットの活用によって異なる文化の表現が共有され、人々の心に感動や喜びを与えることが期待されます。音楽・舞踏・美術といったさまざまな芸術分野において、ロボットが新たな表現の可能性を広げて国際的な共感をより深められれば、文化交流がさらに豊かなものとなるでしょう。

ただし、国際社会におけるロボットの展開には、いくつかの重要な課題も存在します。まず、技術格差やリソースの偏在によって、一部の国が先進的なロボット技術を享受する一方で、他国が取り残されるかもしれないということです。技術革新は経済格差を拡大させる可能性があり、この問題が国際的な不平等を助長することを防ぐためには、技術普及のための取り組みが重要です。次に、異なる国や地域の法律や規制の違いによって、ロボットの活用が国際的な協力や交流を阻害することが考えられます。例えば、自動運転車のような分野では、国ごとに異なる交通ルールや法的な枠組みが存在するため、国際的なロボットの移動が制約されてしまいます。こうした課題に対処するためには、「国際的な協力体制の強化」や「異なる国同士が共通のガイドラインに従う仕組みの構築」などが求められます。国際的なフレームワーク（問題解決の枠組み）の確立によって、ロボット技術の国際的な展開が円滑に進めば、文化交流と協力がさらに強化されるでしょう。

このように国際社会におけるロボットの役割と影響は、単なる技術の導入を超えて、文化的な交流や国際協力の新たな可能性を切り拓くものと言えます。技術の進歩と社会の協力によって、未来の国際社会はより多様で繁栄したものとなるはずです。未来の国際社会においては、ロボットが国境を越えて協力し、異なる文化との交流を促進する重要な要素となることが予想されます。

〈10〉ロボットが暴走したらどうなる

自律的なロボットの利用が増える中で、その動作や挙動が予測不能な結果をもたらす可能性があり、安全性の確保が急務となっています。特に自動運転車などの分野では、ロボットの判断が人間の命を左右する場面が予測されるため、その動作管理は極めて重要です。高度なセンシング技術（センサーを用いて情報を取得する技術）とリアルタイムのデータ解析によって周囲の状況を正確に把握し、安全な判断を行う能力が求められます。予測できない状況や異常な挙動に対処するためには、瞬時の反応と制御を取り戻す仕組みが必要です。こうした安全性の機構を構築することによって、自律的なロボットのリスクを最小限に抑えつつ、安心して活用できる状態を実現できるでしょう。

また、ハッキングやセキュリティ侵害からの防御も、ロボットの安全性を確保するうえで欠かせない要素です。自律的なロボットはネットワークに接続され、遠隔から制御されることが多いため、外部からの攻撃に対する脆弱性《ぜいじゃく》を排除しなければなりません。自律的なロボットがハッキングやサイバー攻撃によって制御を失い、予測不能な行動を起こすことは深刻なリスクです。特に重要なインフラや施設を制御するロボットが攻撃の対象になると、社会への影響が甚大なものになるでしょう。こうしたリスクを最小限に抑えるためには、堅牢なセキュリティ対策が不可欠です。ロボットのソフトウェアとハードウェアの設計段階からセキュリティを考慮し、複数のセキュリティレイヤー（ネットワークの階層）や認証機構を組み込むことによって、外部からの不正アクセスやコントロールを阻止できます。加えて、適切な暗号化技術やセキュリティアップデートの実施によって、長期的なセキュリティの維持が可能です。

同様に、個人情報の保護も、ロボット活用においては非常に重要なテーマです。自律的なロボットはセンシング技術を駆使して周囲の情報を収集し、その情報を処理します。しかし、この過程で個人のプライバシーや個人情報の漏洩《ろうえい》のリスクが懸念されます。特にロボットが家庭や職場で日常的に活用される場合、環境や利用者に関するデータが外部に流出しないようにしなければなりません。個人情報の保護のためには、データの収集と保管時に適切な暗号化とアクセス制御を導入し、不要な情報は適宜削除するなどの対策が必要です。また、利用者に対しての情報提供と同意を、透明性を持って行う仕組みの確立も重要です。

さらに、安全なロボット社会を築くためには、幅広い関係者が一丸となって取り組むことが不可欠です。産業界は安全性を重視したロボットの設計や製造に注力し、リスクを最小限に抑えるための技術革新を推進していく必要があります。常に「ロボットの動作管理」「セキュリティ強化のための新しい手法」「アルゴリズムの開発」などに取り組み、安全性の向上に努めなければなりません。政府や規制機関は、ロボット技術に関する法律や規制を整備することによって、安全基準や適切な監督体制を確立するという役割を果たすべきでしょう。倫理委員会や専門家の協力を仰いで、「倫理的な側面」や「社会的な影響」を考慮したガイドラインの策定も不可欠です。そして、国際的な標準化団体は、異なる国や地域での安全基準の統一を図ることによって、グローバルなロボットの安全性を確保する役割を担っていると言えます。

このように「ロボットエイジ」における安全性とセキュリティの確保は、技術進化と同様に重要な焦点となります。「自律的なロボットの動作管理」「セキュリティ対策」「個人情報の保護」など、幅広い課題に対する継続的な研究と開発が必要です。これによって、未来のロボット社会が安全で信頼性の高いものとなり、人間とロボットが共に調和した新たな時代を築くことができるでしょう。

〈11〉ホテル経営はロボットで成り立つ

サービス業界におけるロボットの展開は、産業構造や顧客体験に革命をもたらす可能性を秘めています。特に接客業界においては、ロボットが基本業務を担当してくれれば、スタッフが専門的な業務や感情的な対応に集中できるため、効率性や顧客満足度がより向上するとして大きな期待を集めています。しかも、ロボットは24時間稼働が可能なので、深夜や休日などの人手不足が予想される時間帯でも、一貫してサポートが行える点が魅力です。

ホテル業界においては、ロボットがフロント業務から客室清掃、荷物の運搬までを担当することによって、スタッフはより特別な要望やゲストの満足度向上に専念できる環境が整います。特に外国人観光客への対応において、多言語対応や地域情報の提供を行うロボットが実現すれば、観光体験の質をより向上させられるでしょう。しかしながら、ロボットの導入によって人とのコミュニケーションの一部が失われる可能性があるため、逆に人間のスタッフによる感情的なサポートや問題解決、特別なニーズへの対応などが重要な存在になると言えます。

また、飲食店業界においても、ロボット技術の導入が、業務効率化や新たな食のエクスペリエンス(体験)の提供につながるでしょう。例えば、ロボットが受注から調理･配膳･会計までのプロセスをスムーズに処理できれば、従来の繁忙期や混雑時のストレスが軽減されるうえ、一貫したサービスの維持が可能となります。そして、料理分野に特化した専門的なロボットレストランが誕生すれば、独自のクリエイティブな料理の提供方法やショーの演出を組み合わせて、食事の楽しみを高めてくれるはずです。しかも、顧客とのインタラクション(相互作用)を通じてオーダーのカスタマイズや食材の説明、食文化の啓蒙なども行えるので、食事を単なる摂取行為から、より意義深い体験へと昇華させることができるというわけです。

さらに、小売業界でも、顧客への商品案内や情報提供を行うロボットが店内で活躍し、商品の特徴や使い方をわかりやすく伝える役割を果たし始めています。同様に、オンラインショッピングと実店舗の連携を強化する一環として、ロボットによる受け渡しや商品配送が行われるケースも増えてきました。ロボットが顧客のニーズに迅速かつ柔軟に応える体制を整える一助となっているのです。こうした取り組みは、小売業界の競争力向上や顧客ロイヤルティ(顧客が企業やブランドに対して持っている愛着や信頼の度合い)の増加に寄与すると共に、新たなテクノロジーを通じた魅力的な店舗体験を提供することにつながっています。

その一方で、サービス業界におけるロボットの導入には、課題も存在します。感情や柔軟性を必要とする業務、特に人間とのコミュニケーションや状況判断においては、ロボットの限界が顕在化する可能性があります。また、ロボットの導入による人間の雇用の置き換えの懸念もあります。このような課題に対処するためには、適切なロボットと人間の役割分担や、スタッフのスキル向上のための教育・トレーニングが必要です。

このようにサービス業界におけるロボットの展開は、「業務の効率化」や「新たなビジネスモデル」の創出に革命的な影響を持つと同時に、深刻な課題と絡み合っています。特に「雇用への影響」や「技術的な課題」には深刻な検討が必要です。一部の業務がロボットによって代替されることで、従来の雇用機会が失われるリスクが存在するという状況に対処するためには、労働市場のダイナミクスを理解し、必要に応じて再教育や転職支援などの施策を検討することが重要でしょう。未来のサービス業界は、ロボット技術の革新的な活用と人間の専門性・人間性を融合させたバランス感覚が求められます。ロボットと人間が協力してお互いの強みを最大限に活かすことによって、未来のサービス業界がより豊かなものとなることが期待されています。

〈12〉ワークライフバランスは飛躍的に向上

労働環境の変容とロボットの関与において、労働条件の改善の観点から、ロボットの導入は労働者の健康と安全を向上させる可能性を秘めています。ロボットが繰り返しの単純作業や重労働を担当することによって、労働者の肉体的負担が軽減され、作業中の怪我やストレスが減少する効果が期待されます。「製造ラインでの単純作業」「危険物の取り扱い作業」「放射線被曝《ひばく》の危険がある作業」などがその好例です。こうした業務の自動化によって、労働者はより安全な環境で働くことができるので、仕事への満足度が向上するでしょう。

また、繰り返しの単純作業やデータ処理、物流などの領域でロボットを活用すれば、タスクの迅速かつ正確な実行が可能となります。これによって業務プロセスがスムーズになり、生産ラインや物流チェーン全体の効率が向上するでしょう。例えば、「商品の検品」「仕分け」「倉庫内での在庫管理」などがこれに該当します。こうした効果によって、企業はリソースの最適化や競争力の向上を図ることができるのです。

さらに、柔軟な労働時間制度やリモートワークが進展する昨今、ロボット技術を活用して業務の自動化や遠隔操作が可能になれば、労働者は自分のライフスタイルに合わせて働けるので、働きやすさとワークライフバランスがより向上するかもしれません。ロボットによる業務のサポートによって、場所や時間に拘束されることなく、自分のペースで業務を進められる環境が促進されるでしょう。特にロボットを介したテレプレゼンス技術（遠隔地にいながら、対面で同じ空間を共有しているかのような臨場感をもたらす技術）が進化すれば、遠隔地から業務をサポートすることが現実的になり、地理的な制約を超えた効果的な協働が可能となります。

ただし、ロボットの導入には慎重な考慮が必要な側面もあります。ロボットによって一部の業務が代替されることで、雇用の減少や職業の変容が生じるリスクがあるからです。これに対処するためには、教育や再教育への投資、多様なスキルの習得を支援する政策が重要です。また、労働環境の変化に伴って、人間とロボットの共同作業が進む中で、コミュニケーションや協力スキルの重要性が高まることも考慮しなければなりません。

このように未来の労働環境は、ロボット技術の導入によって効率的で安全な職場が実現する一方で、「雇用」「人間性の保護」「持続可能な働き方の実現」などが求められる複雑な舞台となるでしょう。例えば、ロボットがデータ解析や予測モデリングを担当し、人間がその結果をもとに戦略的な意思決定を行う場面においては、労働者の「コミュニケーション能力」「問題解決力」「チームワーク」などが重要な役割を果たします。そのため労働者は、人間の専門性や人間らしい要素を保つために、単純にスキルを向上させるだけでなく、働き方や労働環境の在り方を模索し、社会全体の発展に貢献するという考え方を持つことが重要です。

〈13〉「ＡＩ」＋「ロボット」で起こること

ロボットの進化とデジタル社会の融合は、21世紀の社会の在り方を根底から変える驚くべき変革の一端として捉えられます。ロボットはセンサーやカメラを駆使してデータを取得し、それをもとに高度な解析を行うことによって、デジタル社会における情報の価値を最大限に引き出します。特に産業分野においては、ロボットのデータ解析能力が「生産性の向上」はもちろん、製造現場における「機械の故障予知」「生産ラインの最適化」「在庫管理の精密化」といったデータ駆動型のアプローチに新たな効率性をもたらすでしょう。

また、ロボットはＡＩと連動することによって、データをリアルタイムで解析・学習し、より高度な予測や意思決定を行う能力を身につけ、デジタル社会における自律的なシステムの構築を可能にします。例えば、交通システムにおいては、ロボットが道路上のデータを収集・解析して交通の流れを最適化することによって、渋滞の緩和や効率的な移動を実現できるわけです。同様に、金融業界では、ロボットが市場の動向を分析して投資判断のサポートを行うことによって、リスクの最小化や収益の最大化が期待されるというわけです。

そして、ロボットはＡＩとの連携によって、はじめて単なる機械的な動作を超えて、「高度な知識」「論理的思考」「実世界での遂行能力」などを備えたタスクの実行ができるようになります。「ＡＩの洞察力」と「ロボットの物理的な操作能力」を結びつけることによって、複雑に変動する状況にも柔軟かつ効果的な対応が可能になるからです。例えば、緊急時の災害対応においても、ＡＩが現場の情報をリアルタイムで分析し、ロボットが人々の救助活動を支援することによって、迅速かつ正確な救援が実現するでしょう。また、高度な専門知識を要する医療分野でも、ＡＩによる診断結果の分析とロボットによる手術の実行が組み合わされれば、医療の質のさらなる向上が期待されます。

さらに、ロボットがデジタルプラットフォーム上で公開されるさまざまなサービスやコンテンツの提供者となれば、個別のニーズに合わせてカスタマイズされた体験をピンポイントで案内できるでしょう。例えば、オンラインショッピングプラットフォームにおいて、ロボットが顧客の嗜好《しこう》や購買履歴を分析し、最適な商品の提案やカスタマーサポートを行うことによって、顧客満足度の向上や売上の増加が見込まれます。ロボットを介して提供されるサービスや情報は、デジタルプラットフォームを通じて個人・企業・社会全体と結びつき、新たな価値が創出されるということです。

こうしたロボットのデジタル社会における役割と変革は、産業・医療・交通・金融・エンターテインメントなど、あらゆる分野において革新的な進化をもたらす可能性を秘めています。「ロボットのデータ解析能力」「ＡＩとの連携」「デジタルプラットフォームへの統合」などの要素が連携することによって、未来社会は築かれると言えます。デジタル社会におけるロボットの役割を最大限に活かし、より持続可能で効率的な社会を実現するためには、テクノロジーと人間との「協力と調和」が欠かせない要素となるでしょう。

また、ロボットの導入はイノベーションを促進し、競争力の向上を図る要因となります。企業はロボットとＡＩ技術を活用して、製品やサービスの提供方法を改革し、市場での差別化を図ることが可能です。例えば、自動運転車の分野において、ＡＩが交通状況を分析し、ロボットが運転を行うことによって、安全性と効率性が高まることが期待されます。同様に、農業においては、ＡＩによる作物の健康監視とロボットによる収穫作業の連携によって、生産性の向上と食料供給の安定が実現するでしょう。

そして、国や地域の視点から見ても、ロボット技術の発展は国際競争力の向上に寄与します。国がロボット技術の研究開発を支援し、産業界と連携して新たな市場を開拓することによって、技術革新と経済成長を推進することができるからです。特にデジタルプラットフォームを通じて国際的なつながりが強まる中で、ロボット技術は国際市場での競争力を高め、国内外の企業や研究機関との連携を通じて「イノベーションの創出」と「新たなビジネスエコシステムの形成」を促進するでしょう。

このようにロボットとＡＩの連携はデジタル社会において不可欠な鍵であり、その進化が社会のあらゆる側面に影響を及ぼすと言えます。「新たなタスクへの対応能力」「デジタルプラットフォームへの統合」「競争力の向上」などの要素が、共同して未来のデジタル時代を形づくっていくはずです。そして、テクノロジーの進歩と人間の創造力とが結びつくことによって、持続可能な発展を遂げるデジタル社会の実現が期待されます。

〈14〉個人情報の保護規定を作り直す必要

ロボットとプライバシーの関係性は、デジタル時代における重要なテーマです。ロボットのデータ収集能力が日進月歩で向上することによって、個人の行動や状態がかなり詳細に記録されてしまうため、個人のプライバシーに対する懸念を引き起こします。特に公共の場や職場などでロボットが活用される場合、周囲の人々の顔や動きが認識され、データとして記録されることによってプライバシーの侵害が起きるかもしれません。このため、センサーやカメラの使用に関する法的な枠組みや規制、データの匿名化といったプライバシーの保護対策が重要です。

また、ロボットが収集したデータの利用についても、プライバシーの観点から検討が必要です。

データ解析やＡＩの活用によって個人の特性や嗜好が洞察されれば、個別のサービス提供は可能になりますが、それと同時に個人情報が漏洩する危険性もあるからです。特に健康情報や行動履歴といったデリケートな情報が含まれる場合、その保護はより重要度を増します。データ収集と利用においては、個人の同意や適切なデータ保護策の導入が欠かせません。

将来的には、個人のプライバシー保護に対する課題に対処しながら、ロボット技術の発展を進める必要があります。テクノロジーの進歩とプライバシー保護のバランスを取るためには、「法的な枠組み」「規制の見直し」「新たな技術的手段の導入」などが必要とされます。加えて、教育や啓発活動によって、一般の人々がプライバシーに関するリテラシー（特定の分野に関する知識や活用能力）を高めることも重要です。ロボットとプライバシー保護の課題に適切に取り組むことによって、安全で信頼性の高いデジタル社会が実現できると言えます。

このようにロボットが公共の場でデータを収集する場合、個人が気づかないうちに情報が記録され、その情報が不正に使用されるリスクが存在します。このため、データの収集・利用においては、透明性と同意を重視したアプローチが必要です。個人に対してどのような情報が収集され、どのように利用されるかを明確に説明し、同意を得ることが重要と言えます。また、データの匿名化も重要な手段のひとつです。個人が特定されないような形態でデータを加工することによって、プライバシー保護を強化することができます。

さらに、「ロボットエイジ」においては、個人情報の保護に関する法的な枠組みはもちろん、個人が自分の情報をコントロールできる環境が整備されるべきです。個人は自分のデータの収集や利用に関して選択肢を持ち、必要に応じてアクセス権限を制御できなければなりません。また、ロボット自体にも個人情報を保護する機能を組み込むことが検討されています。例えば、個人情報を暗号化する技術やセキュリティの強化を図るための対策などが好例です。

ロボットとプライバシー保護のバランスを取ることは、未来のテクノロジー社会における重要な課題です。便益を享受する一方で、個人のプライバシーが侵害されることなく、自己の情報を守る権利を確保することが求められます。このバランスを取るためには、技術と倫理の両面からのアプローチが必要です。データの収集や利用に際しては、プライバシー保護の原則に従いながら、新たなイノベーションの促進と社会的な信頼の確立を目指すことが重要です。

未来社会において、個人が自身のプライバシーを守るための教育と意識の向上が極めて重要な要素となります。ロボットとの関わり方やデータの扱い方について正しい知識を持つことは、個人が自己のプライバシーを効果的に保護できる適切な手段です。個人は自分の情報がどのように収集・利用されるかを理解し、その情報を管理する能力を獲得する必要があります。また、デジタルリテラシーを高め、オンライン上でのプライバシーに関するリスクにも対応できるようになることが重要です。

このようにプライバシー保護の課題は多岐にわたりますが、その解決には技術的・法的な対策が不可欠です。データの収集と利用に際しては、透明性と同意を重視したアプローチが求められます。個人が「どのようなデータが収集されるか」を把握し、「そのデータがどのように活用されるか」を理解できるようにすることによって、個人情報の保護が強化されます。それと同時に、データの匿名化・暗号化やセキュリティ対策の強化も重要です。データが安全に保管・転送される環境を整備することによって、個人情報の漏洩や不正利用を防ぐことができます。

さらに、未来のプライバシー保護の在り方を確立するためには、個人だけでなく、企業や政府も協力して取り組む必要があります。「法的な枠組みの整備」「ガイドラインの策定」「監督体制の強化」などに注力することはもちろん、技術の進化に合わせてプライバシー保護の手法も進化させることが重要です。個人のプライバシーを尊重しつつ、新たなテクノロジーの恩恵を享受できる社会を築くためには、「教育」「意識向上」「技術革新」「法的対策」が総合的に結びつくことが不可欠です。

〈15〉ハッカーがロボットを乗っ取る!?

現代のロボットはインターネットに接続されることが一般的であり、これによってサイバー攻撃の脅威が増大します。特にハッカーによる攻撃がロボットに及ぼす影響は計り知れません。ハッキングによってロボットの制御権が奪われる可能性があるため、物理的な機器やプロセスだけでなく、ロボットのソフトウェアや通信経路のセキュリティも強化されるべきです。

また、深刻な問題として、ロボットが扱うデータの盗難があげられます。ロボットはセンサーやカメラを通じて周囲の情報を収集し、そのデータを処理します。しかし、このデータが第三者によって不正に取得されると、個人のプライバシーや機密情報が漏洩するリスクがあります。特に家庭用ロボットやヘルスケアロボットなどが取り扱う個人情報に対する保護は、喫緊の課題です。

マルウェア（悪意のあるソフトウェア）に感染する可能性も、ロボットのセキュリティ上のリスクです。マルウェアはコンピュータプログラムの一部としてロボットに侵入して制御を奪い、意図しない動作をさせるリスクがあります。特に大規模なロボットネットワークを形成しての攻撃が発生すれば、脅威はさらに増大するでしょう。

ロボットのサイバーセキュリティを強化するためには、複合的な対策が求められます。まず、ロボットの設計段階からセキュリティを考慮し、ハードウェアとソフトウェアの両面から脆弱性を排除する必要があります。さらに、セキュリティパッチ（OSやアプリケーションの脆弱性を解消するための追加プログラム）の定期的な適用や、セキュリティ専門家による監視・評価を行うことも重要です。そして、ユーザーに対するセキュリティ教育や意識啓発も欠かせません。ロボットとサイバーセキュリティの融合においては、技術的な取り組みと倫理的な意識が共に重要な役割を果たすことになるでしょう。

それと同時に、物理的なアクセスを制限するため、「強固なパスワード」「生体認証」「二要素認証」といった認証機構を導入することが重要です。また、データの収集や通信においては、情報を暗号化することによって第三者による不正アクセスや盗聴から保護します。さらに、定期的なセキュリティアップデートを行い、既知の脆弱性への対策を実施することによって、攻撃リスクを軽減します。ＡＩ技術を活用した異常検知や侵入検知システムの導入も、不審な動きを検出して迅速に対処する手段として効果的です。

特に人間との直接的なコミュニケーションを行うロボットについては、個人情報の取り扱いが極めて重要です。ロボットがユーザーの声や表情を認識し、個人の特性に基づいたサービスを提供する場合、そのデータが第三者に漏洩することによってプライバシー侵害のリスクが生じます。したがって、データの収集・保存・処理においては、厳格なプライバシーポリシーを遵守《じゅんしゅ》して適切なセキュリティ対策を講じることが不可欠です。

さらに、ロボットを導入する個人や組織に対してのサイバーセキュリティに関する教育と啓発活動は最優先の課題となっています。ユーザーがセキュリティリスクを理解し、適切な対策を実施することによって、サイバーセキュリティの脅威を最小限に抑えることが可能です。また、セキュリティ意識の向上は、ロボット技術の普及と共に進むサイバーセキュリティ文化の醸成にも寄与します。このような取り組みによって、ロボットの利用がより安全で信頼性の高いものとなれば、人々の生活とビジネスに貢献することができるでしょう。

当然ながら、サイバーセキュリティの重要性は国際的なレベルで認識されており、その対策においては国境を越えた協力と規制が欠かせません。ロボット技術が国際的に普及する中で、異なる国や地域が共通のセキュリティ基準や規制を策定することが不可欠です。これによって、安全性の確保とサイバー攻撃の脅威に対する共同の対抗策が実現できるでしょう。さらに、情報共有の仕組みを構築することで、異なる組織や国々がサイバー攻撃の脅威情報を共有でき、迅速な対応が可能となります。これによって、未知の攻撃手法や脆弱性にも対処する体制が整うことでしょう。

その一方で、ロボットのサイバーセキュリティには倫理的な側面もつきまとっています。特に人間とロボットが身近に共存する未来を想像すると、安全性だけでなく、個人のプライバシーや人権の尊重も考慮されるべきです。ロボットが人々の日常生活に深く関与する場面では、個人情報の保護やデータの取り扱いには注意が必要です。また、ロボットの行動や意思決定が、人間の倫理観と一致するようにプログラムされることが求められます。このような倫理的な側面についても国際的な合意や指針が求められ、安全で倫理的なロボット社会を築くための基盤を整えていくことが重要です。

このようにロボットとサイバーセキュリティに関する展望は、急速なテクノロジーの進化に対応するための複雑な努力が求められる点で極めて挑戦的です。ハッカーや悪意のある行為者のサイバー攻撃によって、ロボットが不正に操られたり、機密情報が漏洩したりする可能性があるため、ロボットのセキュリティ対策は単なる技術的な側面だけでなく、倫理的・法的な側面も含めて総合的に検討する必要があると言えましょう。

セキュリティ対策が強化されれば、ロボットが攻撃や乗っ取りから守られ、正当な使途で運用される保障が得られます。また、ロボット自体がサイバーセキュリティ対策を支援する役割も期待されます。こうした例として、AI技術を活用して異常検知や侵入防御を行うシステムの開発や、自己修復能力を備えたロボットの設計などがあげられます。このような取り組みをたゆまずしていくことによって、はじめてロボットが安全で信頼性の高い存在として社会で活躍する未来が描かれるのです。

〈16〉政治家「ロボ先生」が誕生⁉

ロボットと統治システムの関係は、「政府の役割」「意思決定のアルゴリズム化」「統治の透明性」

など、多岐にわたる要因によって未来の統治システムを構築するうえでの重要なポイントとなります。政府の役割に焦点を当てれば、ロボット技術は政府機関の運営や公共サービスの提供に大きな影響を与えるでしょう。公共部門にロボットが導入されれば、行政プロセスの効率化や市民サービスの向上が実現できます。例えば、自治体が自律型ロボットを採用して公園の維持管理を行えば、労力と予算を節約できるうえ、市民の利便性を高めることが可能となるでしょう。また、政府がロボットを社会的課題の解決に活用する際には、政府に調整と指導の役割が求められます。例えば、環境問題に取り組むためにロボット技術を応用する場合、政府は関連する産業や研究機関を結びつけて研究を促進すると共に、適切な規制を導入してバランスの取れた展開を図ることが重要です。

その一方で、ロボットが意思決定の一環となる可能性は、新たな課題を提起します。アルゴリズムによる意思決定が日常的に行われる場合、その透明性や公平性を求めなければなりません。アルゴリズムが人種や性別などのバイアス（偏見や先入観）を持ってしまうと、社会的な不平等が拡大するリスクがあるからです。このため、アルゴリズムの開発段階から倫理的な観点を考慮に入れ、公平で健全な意思決定を保障する仕組みが必要となるのです。

ロボットと統治システムの関係は、「政府の役割の再定義」「意思決定の透明性」「倫理的側面」などを含む幅広い視点から考慮する必要があります。未来の統治システムは、政府と技術の融合によって効率的で公正なものとなる一方で、個人のプライバシーや社会的なバランスを守るためにしっかりとした基盤が求められるでしょう。

ロボットが統治に関わるプロセスに組み込まれることによって、意思決定の透明性が向上し、責任の所在が明確になる可能性が広がります。この透明性の向上は、政府の意思決定が市民に対して説明可能であることを意味するため、市民の信頼を得るうえで重要な要素と言えます。ロボットがデータ駆動型の意思決定を支援する場面においては、アルゴリズムの動作や意思決定の根拠を明示することが必要です。それと同時に、プライバシー保護も大切で、市民のデータ利用時には、適切な情報管理や匿名化技術の導入が必要であるといったデータセキュリティへの配慮も欠かせません。透明性とプライバシー保護のバランスを取ることが、ロボットが統治に関与する際の鍵となります。

また、ロボットが統治に影響を与える場合でも、政府や市民が最終的な意思決定を行うことが保障されるべきです。ロボットが意思決定の支援を行う際には、その限界と責任を明確に定義し、最終的な判断は人間が行うことを確保する仕組みが必要でしょう。この構造を通じて、ロボットと人間が協力して効果的な統治プロセスを実現し、社会全体の発展に寄与することが期待されます。

さらに、統治プロセスにおいては、市民の意見や参加が重要なファクター（要因）となります。ロボットを通じて市民の声を収集し、意思決定に反映させることによって、より包括的で民主的なプロセスが構築される可能性があります。都市のインフラ整備計画などで市民のニーズや要望をロボットが収集し、それをもとに意思決定が行われる場合、市民の多様な視点が反映された計画が実現するでしょう。ただし、市民参加のメカニズムを適切に設計することが課題となります。意思決定プロセスにおける市民の関与方法や意見の集約手段を検討し、ロボットを介した市民参加が公正かつ効果的に行われるようにする必要があります。市民参加においては、バイアスが生じないようにするため、多様な人々の声を平等に反映できる仕組みを導入しなければなりません。ロボットが統治プロセスに関与する際には市民との連携が不可欠であり、その連携を通じて、より公正な社会を実現する手段としての可能性が広がります。

このように統治システムの構築は、技術の進化や社会的変化に合わせて柔軟に適応していく必要があります。ロボットを活用した統治システムは効率性や透明性の向上を可能とする一方で、その導入に伴う倫理的問題や社会的懸念も考慮しなければなりません。新たな意思決定の手法が技術の進歩によって提案される場合でも、その手法が人間中心の価値観に合致し、公正で持続可能な社会を促進することが求められます。ロボットを統治に組み込む際には、その有用性とリスクをバランス良く評価し、「社会の発展」と「市民の幸福」を共に追求するためのシステム設計が必要です。技術と倫理を融合させることによって、未来の統治システムはより包括的で公正なものとなり、社会全体の繁栄に貢献することでしょう。

〈17〉ロボ社会から弾かれた人の救済は

「デジタルギャップ」「技術格差」「社会的弱者への影響」など、ロボットが不平等に与える影響とその是正に向けた展望について考えてみましょう。ロボットの導入が進むと、新たなテクノロジーの恩恵を享受する人々と、その恩恵から遠ざかってしまう人々との間にギャップが生じる可能性があります。特に経済的弱者や教育の機会に恵まれない人々が、新技術の恩恵にアクセスできない状況が生じる可能性が高いと言えます。この結果、デジタルギャップや技術格差が拡大し、社会の不平等がさらに深刻化するかもしれません。したがって、テクノロジーの導入と同時に、教育の普及や専門的スキルの提供を通じて広範な人々がテクノロジーにアクセスできるような環境整備が重要です。また、社会的に弱い立場にある人々が新技術を活用するための支援策や、デジタルリテラシーを向上させる取り組みも積極的に行うべきです。

ロボットの導入が労働市場に与える影響も、不平等の観点から検討されるべき課題です。特に低所得者層や社会的弱者がこの変化の影響を強く受ける可能性があり、彼らへの支援や再教育プログラムの充実が喫緊の課題となります。新たな雇用機会を創出し、人々が自己成長を追求するための環境を整えることが、不平等の拡大を防ぐ鍵となるでしょう。

こうした課題に対処するためには、政府・企業・教育機関・市民など多様なステークホルダー（利害関係者）が協力して取り組むことが重要です。技術の進歩によってもたらされる利益を公平に分配し、「社会全体の発展」と「不平等の是正」を同時に実現するためには、包括的で持続可能な取り組みが求められるでしょう。最終的には、ロボットと人間の共存が、社会の多様性と平等を尊重しながら実現されることが、未来社会の目指すべき理想像となるでしょう。

また、教育分野においても、ロボットの導入が教育格差を拡大させるかもしれません。先進的な技術を導入した教育環境が一部の学生たちに提供される一方で、経済的に恵まれない学生たちが同じ機会にアクセスできないという課題が浮上するからです。教育の均等な提供を保障するためには、デジタルリテラシーの向上と共に、学習環境への公平なアクセスを確保することが重要です。また、ロボットを教育のツールとして有効活用するための指針や倫理的なフレームワークも整備されるべきでしょう。

同様に、医療や介護分野でのロボット活用も、不平等の問題を浮き彫りにする可能性があります。ロボットによる効率的な医療・介護サービスは、高齢者や障がい者のケアに革命をもたらすでしょうが、同時に特定のグループがこれらのサービスへのアクセスを制限される可能性も考えられます。こうした状況を防ぐためには、技術の進化を社会全体に普及させる努力が不可欠です。特に遠隔地や医師不在地域においても高品質な医療・介護が提供されるよう、アクセスの格差を縮小するための取り組みが求められます。

さらに、ロボットの開発や導入においては、人間中心のデザインと倫理的な考慮が欠かせません。技術が不平等を助長することなく、社会全体の利益と公正を重視した形でロボットが活用されるように、設計段階から倫理的な側面を注視する必要があります。特にアルゴリズムの開発や意思決定の透明性においては、バイアスの排除や公平性を確保するためのガイドラインが策定されるべきです。

このように未来社会におけるロボットと人間の不平等の問題は極めて複雑であり、技術・政策・倫理の面で綿密な取り組みが求められます。人間の尊厳と社会的な公正を守りつつ、ロボットの導入による不平等を最小限に抑えるためには、持続可能な取り組みと総合的な戦略が必要です。社会全体での協力と意識の向上を通じて、ロボット技術が社会の発展と共に誰もが享受できるものとなるよう努めなければなりません。

〈18〉ロボ犯罪を取り締まるのはロボット

ロボットの普及と進化は、犯罪の領域にも大きな影響を及ぼす可能性があります。特にロボットの自律性や高度な機能が悪用されるケースが懸念されます。自律的なロボットが窃盗や襲撃などの犯罪行為に利用されることに対する予防策や法的な規制が不可欠です。犯罪者がロボット技術を利用して新たな犯罪の手口を開発する可能性も考慮され、警察などの法執行機関は迅速な対応策を練る必要があるでしょう。

遠隔操作が可能なドローンなどのロボットが、不正行為に利用されるリスクも存在します。これに対処するためには、ドローンの管理と監視体制の強化が求められるでしょう。その一方で、犯罪対策だけでなく、ロボット技術を活用して犯罪の予防や解決に新たな手段を提供することも可能です。「監視カメラを搭載したパトロールロボット」や「犯罪の予兆を検知するＡＩシステム」などが開発されており、これらを活用して犯罪を未然に防ぐ取り組みが進められています。さらに、犯罪捜査の際にもロボットを使用して証拠収集や現場調査の効率化を図れば、効果的な法執行が実現できるかもしれません。犯罪との戦いは、技術の進化に合わせて新たな展開を迫られる一方で、倫理的な側面やプライバシー保護の問題も考慮しながら、より安全で公正な社会を築くための取り組みが求められます。

また、ロボットがネットワークに接続される場合、ハッカーによる攻撃の標的となりかねません。ハッキングによってロボットの制御が奪われると、危険な状況を引き起こす可能性もあるでしょう。適切なサイバーセキュリティ対策が求められます。ハッカーがロボットを乗っ取って制御を握ることによって、身体的な危害を及ぼす可能性があるため、強固なセキュリティ対策が欠かせません。「ユーザー認証」「暗号化技術の導入」「定期的なソフトウェアの更新」などが、ロボットのサイバーセキュリティを確保するための重要な手段となります。

そして、ロボットが人々の個人情報を収集する場合、それが悪用されるリスクもあります。個人情報の漏洩や悪用によって、詐欺や盗難などの犯罪行為が引き起こされる可能性があるため、プライバシー保護とデータセキュリティが重要です。多くのロボットがセンサーやカメラを備えており、環境やユーザーの行動を記録することがありますが、この情報が不正に入手されれば、個人のプライバシーが侵害され、悪意ある行為の基盤となるリスクがあるわけです。個人情報の適切な保護と適法な利用は欠かせません。ロボットがデータを収集する際には、「暗号化された通信」「データベースの保護」「利用目的の明示」などが重要です。加えて、ユーザーに対する情報提供と同意取得のプロセスが透明であることも求められます。

さらに、ＡＩを悪用して、詐欺・スパム・フィッシングなどの犯罪行為が行われる可能性があります。ＡＩの進化に伴い、人工的な声や映像が非常にリアルに生成できるようになりました。この技術を悪用することによって、詐欺やスパムの手法が高度化して見破りにくくなると考えられています。特にフィッシング攻撃では、信頼性の高い情報を提供する手法で、被害者を欺《あざむ》いてくるでしょう。こうしたリスクに対抗するためには、個人がＡＩの存在や特徴について正しく理解する必

要があります。「教育機関やメディアを通じた情報提供」「偽情報の検出技術の開発」などが、AI

による犯罪行為の予防には役立つのです。

こうしたロボットと犯罪の関連性に対処するためには、法律や規制の整備が不可欠です。ロボットが関与する犯罪に対しての罰則や処罰基準を明確にすることによって、犯罪を防止し、悪事を減少させることが期待されます。特にロボットが犯罪に利用された場合の法的責任や補償に関する規定が重要です。法執行機関が適切に捜査し、証拠を収集するための手続きも整備される必要があります。また、国際的な連携が求められることも考えられます。国境を越えて行われるサイバー犯罪に対しても効果的な法的手段が必要であり、国際的な協力体制の構築が喫緊の課題となるからです。犯罪の未然防止や取り締まりだけでなく、倫理的なロボットの開発と運用の推進が、ロボットと犯罪の関連性を適切に取り扱うための基盤を築く一環となるでしょう。

また、ロボットが犯罪に関与するリスクを軽減するためには、適切な監視と管理が必要です。自律的なロボットの行動を監視し、異常な動きや不正アクセスを検知するシステムを導入することによって、犯罪を未然に防ぐことができるかもしれません。この監視システムは、ロボットの行動パターンや環境の変化をリアルタイムでモニタリングし、異常な挙動や不審なアクセスを自動的に検出する役割を果たします。それと同時に、ロボットの操作ログやデータの記録を保持し、必要な場合には追跡や調査が行えるようにすることも重要です。このような監視と管理の体制が整備されれば、ロボットが犯罪に悪用される可能性を低減できるはずです。

さらに、ロボットを悪用したり、犯罪に利用したりすることへの倫理的な側面も考慮する必要があります。倫理的な意識を醸成し、社会全体でロボットの適切な利用を促進する教育が重要です。倫理的な訓練やガイドラインを開発し、ロボット開発者やユーザーに対して適切な行動指針を提供することによって、悪意ある利用や犯罪行為を防ぐことができるでしょう。また、法律や規制の整備も欠かせません。ロボットが関与する犯罪に対する適切な罰則や法的責任を明確にすれば、犯罪の抑止や法の下での適正な利用が促進されるはずです。

このようにロボットと犯罪の関連性は複雑ですが、適切な対策や倫理的な枠組みを整備することによって、安全で安心な環境を築くことができると言えます。技術の進化に合わせて対策を強化し、犯罪の予防と取り締まりに真摯に取り組めば、ロボットが社会にもたらすポジティブな影響を最大限に引き出すための重要な一環となるでしょう。

第2章

ロボット社会が向き合う「倫理」「教育」

〈19〉誰の責任？ 自動運転中の事故

人間の行動や判断をロボットが模倣する際、我々は深刻な倫理的ジレンマ（相反する2つの事柄の間で板挟みになる状態）に直面します。例えば、ＡＩが人間の会話や表情を模倣できると、「相手が人間かロボットか」を判断することが難しくなるかもしれません。オンラインでのコミュニケーションが増える現代社会では、信頼性の問題が浮上し、感情や意図を正確に読み取ることが難しくなり、誤解や判断ミスが生じるリスクがあります。

ロボットが感情を模倣することで、他人の感情を操作する可能性が出てきます。これによって、情報操作や詐欺行為のリスクが高まり、感情的なアピールをするＡＩによって人々の意思決定が歪《ゆが》められるかもしれません。

個人のプライバシーも保護されるべき重要なテーマであり、ロボットによる人間の模倣が個人情報の収集や悪用のリスクを孕《はら》んでいる可能性もあります。こうした問題に対処するためには、倫理基準やガイドラインの策定が不可欠です。また、技術の進化に伴うリスクを管理して社会全体の安全と信頼性を確保するためにも、技術専門家・倫理学者・法律家など多様なステークホルダーによる議論が必要です。

こうした倫理的ジレンマに対処するには、社会的な対話と共同作業も欠かせません。技術の進化に追いつくだけでなく、人間の模倣に関わるリスクや懸念について議論し、適切な対策を講じていく必要があります。倫理的問題に向き合い、法的な枠組みを確立することによって、持続可能で安全な未来を築くことが重要です。

自律的なロボットが独自の道徳的判断を行う場面では、いくつかの倫理的な問題が浮上してきます。例えば、自動運転車が事故回避のための選択を行う際には、どの命を優先すべきかといった観点が問われます。このような場面でのロボットの判断が透明で理解可能であることは重要です。人間がロボットの判断を信頼して受け入れるためには、その判断が複雑なアルゴリズムやデータ処理に基づいており、バイアスが排除されていることが求められます。

倫理的な観点からみて、ロボットの判断が社会的な価値観や規範に適合していることが重要です。これには、人間とロボットの共通の倫理基準を確立し、その基準に従って判断が行われるよう設計する必要があります。ただし、倫理の原則は文化や状況によって異なることがあるため、多様なステークホルダーの意見や専門家の協力が欠かせません。

自律的なロボットの道徳的な判断には、正確さと信頼性の確保も不可欠です。誤った判断が生じると、深刻な事故や混乱を引き起こす可能性があるからです。そのため、ロボットは正確な情報を収集し、適切な情報源からのデータをもとに判断する必要があります。また、状況に応じて適応的に変化する能力も求められます。同じ倫理基準でも、異なった状況下では適切な行動が違ってくる場合があるからです。そのためには、ロボットのアルゴリズムやプログラミングが柔軟性を持ち、変化する状況に適切に対応できるよう設計されなければなりません。

自律的なロボットの道徳的な判断においては、「誰がロボットの判断に責任を持つのか」といった責任の所在も重要です。誤った判断時の法的責任や損害賠償の問題は複雑で、「既存の法律や規制がどのように適用されるか」も検討が必要です。自律的なロボットが独自の道徳的な判断を行う際には、その判断が社会全体の利益を最優先に考え、人間の安全と幸福を確保することが最重要課題となります。このような倫理的ジレンマに対処するためには、技術開発の段階から倫理専門家や法律家が積極的に関与し、人間とロボットが共に調和して共存できる社会の実現を目指す姿勢が求められます。

ロボットが私たちの日常生活に密接に関与するようになると、個人情報の取り扱いとプライバシーの保護が重要なテーマとなります。例えば、介護ロボットや健康モニタリングロボットが個人の健康情報を取得する場合、その情報の保護と適切な利用が求められます。こうしたロボットは個人の健康状態を監視し、医療専門家と連携して治療やケアを提供する可能性がありますが、それと同時にそのデータのセキュリティとプライバシー保護が必要です。不適切なアクセスや漏洩が起きれば、個人の尊厳や権利が侵害される可能性があります。そのリスクを軽減するためには、ロボットが収集する情報の「暗号化」「セキュア（セキュリティが確保された状態）な保存方法の導入」「アクセス制御の強化」などが必要です。

ＡＩによる個人の特定や行動の予測が進む中で、個人のプライバシーが侵害されるリスクも懸念されます。例えば、自宅をＩｏＴ（あらゆるモノをインターネットに接続する技術）に対応したスマートホームにした場合、センサーや監視カメラが個人の行動を記録し、それをもとに生活パターンや趣向を分析することが可能です。個人情報の適切な保護と利用のバランスを取るために、法的な枠組みや規制の整備が不可欠です。

自律的なロボットの判断に関する「法基準」「責任の所在」「個人情報の取り扱い」のルールなど、多岐にわたる領域での規制が求められます。ロボットが独自の判断を行う場面においては、「その行動が法的に認められる範囲内であること」や「事故や誤った判断時に責任がどのように問われるか」などが明確に定義される必要があるのです。

国際的な協力や合意形成も必要であり、異なる国や地域での法的な取り組みの調整が求められるでしょう。こうした法的な枠組みと規制が確立されることによって、ロボットと人間が共に安全で調和の取れた未来を築くための基盤が整い、社会全体の発展と安定が促進されるはずです。

このようにロボットとの共生における倫理と法律の課題は複雑であり、未来社会の在り方に大きな影響を与えます。大まかにまとめると、人間の尊厳や権利を尊重したうえで「人間模倣における感情操作」や「プライバシー侵害」などの倫理的ジレンマに対処する枠組みづくりが必要であり、法的な側面では自律的なロボットの「法的責任」や「権限の所在」を明確にし、事故や紛争時に「適切な責任を追及できる仕組み」を整える必要があり、「個人情報の適切な保護」や「利用に関する法的な規制」が、技術の進歩に合わせて柔軟に適用されるよう求められるということです。

〈20〉ロボットでは代替できないもの

ロボットやＡＩの普及によって、一部の仕事が自動化される一方で、新たな職種や役割が出現することでしょう。こうした労働市場の変化に迅速に適応するため、学生や労働者たちが絶え間なく学べる柔軟な教育システムを整える必要があります。これからは単なる知識の伝達だけでなく、「問題解決能力」「批判的思考」「コミュニケーションスキル」といった人間固有の力を引き出す教育が不可欠です。

ロボットとの協働が一般的になるにつれ、人間の「創造性」「感性」「倫理的判断の価値」などが高まります。そのため、アート・デザイン・倫理学といった学際的な教育が推奨されます。さらに、デジタルリテラシーやプログラミングなどのテクノロジースキルも欠かせません。教育の形態も変化し、オンライン学習や遠隔教育が重視され、個別の学習スタイルに合わせてカスタマイズされた教育が可能になります。

未来に求められるスキルに適応するためには、伝統的な教育アプローチを見直す必要があります。また、ロボットとの協働を円滑に進めるためには、教育環境も適切に整備されなければなりません。基礎的なテクノロジーやプログラミングに関する知識、デジタルリテラシーなど、デジタル時代に求められるスキルも積極的に導入されるべきです。

実際の教育では、単科教育にとらわれず、学際的なアプローチが重要です。科学とアート、技術と人文科学を融合させ、創造性や革新的な発想を奨励する環境を整えることが必要です。また、教育制度やカリキュラムの柔軟性を高めることによって、急速な社会変化に適応した新しいスキルや知識を導入できる状態をつくれるでしょう。

次世代の人材は多岐にわたる分野で活躍し、ロボットとの連携を通じて社会的価値を創出する役割が重要です。「柔軟な思考力」「協調性」「テクノロジースキル」などを兼ね備えた個人が、持続可能な発展を促進する役割を果たすことが期待されます。

ロボットが特定の作業を効率的に処理する一方で、人間の強みは「創造性」「感性」「倫理的判断」などにあります。教育の目的は、これら人間の強みを最大限に引き出し、ロボットとの共同作業において新たな価値を創造することです。アート・デザイン・文学のような領域では、人間の感性や創造力が不可欠で、ロボットには代替できない価値を提供できます。

同様に、倫理的判断や倫理観の醸成も重要です。ロボットとの共生において、人間らしい倫理的な指針を持つことは、社会全体の発展に寄与します。教育は個々の個性や才能を尊重し、リーダーシップやコミュニケーションスキルなど人間固有の強みを育む場でもあり、変化に適応できる柔軟性も養います。こうした教育を通じて、人間はロボットとの協働の中で、持続可能な未来を築く力を培うことができるのです。

また、ロボットとの協力には、異なる分野の知識を結びつけて問題を解決する能力を有した人材が求められます。したがって、クロスファンクショナル（分野横断的）なスキルや総合的な視点を持つ人材が何よりも求められます。技術と人間関係の双方に精通した人材は、ロボットの導入に伴う変化を最適に活用できるでしょう。

さらに、異なる文化やバックグラウンドを理解し、国際的なチームで協力するためのコミュニケーションスキルや国際法の知識も重要です。教育制度は、幅広いスキルと知識を養成するためのプログラムを提供し、個々の能力を最大限に引き出せるように準備すべきです。

そのためには、若い時の一度きりの学習ではなく、生涯を通じた学び「ライフ・ロング・ラーニング（生涯学習）」がますます重要となります。技術の進化や社会の変化に適応するためには、継続的な学習とスキルの更新が必要です。個人が学び続ける姿勢を持ち、柔軟に新しい知識やスキルを習得することが求められます。

このアプローチは個人の成長だけでなく、労働市場全体の健全な機能にも影響を及ぼします。労働者は最新のスキルを習得し続け、変化する需要に応じて雇用機会を確保し、キャリアを発展させることができます。同様に、企業も従業員のスキル更新を支援し、競争力を維持するための戦略的な人材管理を行うべきです。ライフ・ロング・ラーニングの促進には、教育制度と企業の人材育成プログラムの充実が不可欠です。個人・教育機関・産業界が協力し、将来のスキル要件に適応できる環境を整備しなければなりません。

このように新しい教育とスキルの獲得においては、教育機関と産業界の連携が特に重要です。産業界のニーズに合わせたカリキュラムを設計し、実践的なスキルの習得をサポートすることにより、次世代の人材に求められるスキルの習得環境が構築できるからです。教育機関と産業界の緊密な協力によって、学生や学習者が実際の業務やプロジェクトに参加しながらスキルを磨く機会が提供され、理論と実践の結びつきが強化されます。産業界との連携により、新たな技術やトレンドへの迅速な対応が可能となり、将来のキャリアに直結するスキルや経験の組み合わせを身につけることができるでしょう。

さらに、個人の能力を最大限に引き出すためには、自己認識と目標設定が重要です。自身の強みと興味を理解し、それをもとに学習やスキルの習得を進めることによって、自己成長を達成できます。次世代の人材は、「知識」だけでなく、「創造性」「問題解決能力」「コミュニケーションスキル」といった多様な能力を備えなければなりません。

〈21〉ロボットがいて、家庭の絆が深まる

個人の生活において、家事や日常生活の手助けを行うロボットが増加すれば、個人や家族の負担が軽減されるでしょう。掃除や調理などをアシスタントするロボットは、煩雑《はんざつ》な家事作業を効率的にこなし、個人の時間とエネルギーを節約する一助となるはずです。これによって個人はより充実した時間を過ごすことができ、仕事や趣味に集中する余裕が生まれます。

また、ロボットは生活の質を向上させる手段としても注目されています。特に健康管理や介護分野でのロボットの役割は重要です。家庭内において健康モニタリングや医療アドバイスを提供するロボットが導入されれば、個人の健康状態をリアルタイムで把握し、必要なケアを行うことができるでしょう。これによって高齢者や介護が必要な人々が安心感を得られることはもちろん、家族や介護者の負担を軽減する役割を果たせるかもしれません。

さらに、ロボットは人間関係の形成にも大きな影響を与える可能性があります。コンパニオンロ

ボットや会話型ＡＩが孤独感を和《やわ》らげ、心のケアを提供する役割を果たせれば、個人の精神的な健康や幸福感を向上させることが考えられます。また、異なる世代の人々との交流を促進する場にロボットが活用される可能性もあるでしょう。

その一方で、個人の生活にロボットを組み込む際には、いくつかの課題も考慮しなければなりません。プライバシーとセキュリティの問題がそのひとつです。家庭内で活動するロボットが個人のデータや生活情報を収集することがあり、その取り扱いには慎重な配慮が必要です。ロボットとの対話やコミュニケーションが人間関係に与える影響や、人間とロボットの関係性がどのように進化するかという人間性の観点も考慮されるべきです。

ロボットが家庭内で一定の役割を果たすことによって、家族のコミュニケーションやつながりが深まることでしょう。家族のメンバーが共通のタスクをロボットと協力して行う経験は、単なる作業の効率化を超えて、チームワークや協力の意識を醸成する要素となるでしょう。こうした新たな家庭内の動態は家族間の絆を強化し、共有の体験を通じてより豊かな日常生活を築く可能性を秘めています。

その反面、ロボットが家庭内での役割を果たすにあたっては、適切なデザインやユーザビリティ（使いやすさ）の考慮が不可欠です。人間とロボットが共同で活動する場面では、ロボットの動作やコミュニケーションが人間のニーズに適合し、ストレスや不便を最小限に抑えるような配慮が求められます。

また、家庭内でのロボットの役割は、「家事や日常作業の効率化」だけでなく、「新たなライフスタイルの実現」「家族の絆の強化」「個人の成長や充実感の向上」など多岐にわたります。技術と人間の共生を通じて、より充実した未来の家庭生活を築くためには、継続的な研究開発と倫理的な考慮が不可欠でしょう。

ロボットが人間関係に与える影響は、心理的な側面からも興味深いです。特に対人コミュニケーションを支援するロボットが普及すれば、社会的孤立や孤独感の緩和に大きな影響をもたらす可能性があります。孤独や社会的な結びつきの欠如は、精神的な健康に対する悪影響を及ぼすことが知られていますが、こうした問題を解決するためにロボットが一役買うでしょう。例えば、コンパニオンロボットは人間との会話や交流を通じて「心の支え」や「コミュニケーションの機会」を提供し、孤独感を軽減する役割を果たすことが考えられます。これによって高齢者や社会的に孤立している人々は感情的なつながりや共感を得ることができ、心理的な健康を維持しやすくなるはずです。

さらに、ロボットを介してのコミュニケーションは、個人同士の関係形成を促進する道具としても活用されるかもしれません。人々はロボットを通じて趣味や関心を共有し、共通の話題を見つけることによって、新たな友人や仲間を見つける機会が増えるでしょう。

しかし、こうしたコミュニケーションの拡大にあたっては、ロボットが単なるツールではなく、真の相互作用とつながりを提供できる存在として設計される必要があります。人間関係の形成においては、技術と倫理が密接に結びつきながら、個人の幸福感と社会的な結びつきを促進する新たなアプローチが求められます。

このようにロボットが個人の生活に与える影響と可能性は複雑で多岐にわたります。「家庭内での助け」「生活の質の向上」「人間関係の形成」といった側面は互いに影響しあい、未来の日常生活を豊かにしてくれるでしょう。その反面、この進化には潜在する倫理的問題を避けて通れません。「個人のプライバシー」「セキュリティ」「依存心」「人間関係の変容」といった側面についても適切な対策が求められます。技術と社会の調和を図りながら、ロボットと個人の生活が共存する新たな在り方を築くことが、未来の持続的な発展に向けて重要な課題となるでしょう。

〈22〉当然必要、人間のスキルアップ

「ロボットエイジ」が到来しようとしている中で、浮上してきそうな倫理的なジレンマや課題について考えてみましょう。「自律的なロボットの倫理的判断や行動」「個人情報の扱い」「プライバシー保護」といったジレンマや課題に対処するためには、「倫理的な設計」「ガイドラインの策定」「広

範な社会的議論の推進」などが不可欠です。

人間とロボットの共存においては、共通の倫理基準を築く必要があります。倫理的なジレンマや課題に対処するためには、技術者・倫理学者・法律家といった幅広い専門家の協力が必要であり、透明性のある意思決定プロセスの確立が肝要です。

それと同時に、教育改革にも着手しなければなりません。ロボット技術の急速な進化によって労働市場の需要が変化し、新たなスキルや知識が求められるようになるからです。そのため、教育システムも柔軟で適応力のあるものへと転換される必要があります。教育が「ロボットエイジ」に適応するためには、情報技術の導入やプログラミング教育の普及が必要です。単なる知識や技術の習得だけでなく、「批判的思考」「問題解決能力」「コミュニケーションスキル」などのソフトスキルも重要です。教育改革は知識の伝達だけでなく、人間らしさを培うプロセスとして捉えるべきです。

さらに、社会的な変革も求められます。ロボットの導入によって労働環境が変化し、一部の仕事が自動化される一方で、新たな職種や産業が生まれることが期待されます。それに対応するためには、「労働者のスキルアップ」「転職支援」「社会保障制度の見直し」などが必要です。そして、ロボットと人間が協働する職場においても、協調性やコラボレーションの重要性は高まるでしょう。社会全体で多様性を尊重し、包括的な支援策を展開することによって、誰もが未来社会で活躍できる環境が整えられるでしょう。

ロボットとの共生という未来への挑戦に対して、私たちは前向きな覚悟と行動が求められます。変化する社会に柔軟に適応するためには、教育改革によって自己成長できる力を身につけた人材を育てなければなりません。また、社会的な変革に対しては、労働者のスキルアップや転職支援、新たなビジネスモデルの創造など柔軟で包括的な対策が求められます。加えて、ロボットとの共生においては、倫理的な枠組みの確立や法律の整備が重要です。

このように人間とロボットが共に新たな未来を切り拓くためには、大きな覚悟と積極的な行動が求められます。新しい時代において、人間とロボットの連携は単なる技術的な枠組みを超えて、深い協力と共感を必要とするからです。人間とロボットが共に活動し、共通の目標に向かって進むためには、柔軟性・創造性・協力の精神が欠かせません。異なる知識やスキルを持つ者同士がお互いの強みを最大限に活かしあい、相補的な関係を築くことによって、より効果的な成果が得られるでしょう。

そして、人間とロボットの連携においては、コミュニケーションや信頼の構築が重要な要素となります。人間とロボットが円滑に連携するためには、お互いの意図や状況を正しく理解し、適切な情報を共有することが必要です。これによって誤解やミスを最小限に抑え、効率的な作業が可能となるからです。また、相互の信頼関係を築くことによって、より良いチームワークが形成され、困難な課題にも立ち向かえるでしょう。

また、人間とロボットが協力して未来を築いていくための努力を惜しんではいけません。両者がお互いの強みを最大限に引き出しあい、共通の目標に向かって共に歩むことによって、新たな可能性が広がるからです。未来社会においては、ロボットと人間が共存し、持続可能で調和の取れた未来を切り拓くためにも、私たちは積極的な行動を起こしていかなければならないのです。

〈23〉悪意ある作動プログラムの危険性

ロボットの倫理的設計においては、人間中心のデザインだけでなく、バイアスの排除も重要な要素です。人間は無意識のうちに偏見や差別的な意図を持つことがあり、それがロボットのプログラミングや学習データに影響を与える可能性があります。そのため、ロボットの設計者や開発者はバイアスを排除し、公正で公平な意思決定を行うための努力を重ねなければなりません。多様な人種・性別・文化などの観点からデータを収集し、そのデータをもとにした学習を行うことによって、ロボットが偏見のない行動を取ることができるようになるでしょう。

道徳的なルールの組み込みも、倫理的なロボット運用においては重要なテーマです。ロボットが倫理的に適切な行動を取るためには、その「行動原則」や「優先順位」をプログラムに組み込む必要があります。緊急時において「人命を最優先するのか」「物的な損害を最小限にするのか」といった選択は、事前にプログラムとして規定されるべきでしょう。しかし、倫理的なルールは単純なものではなく、状況に応じて適切な判断を下す必要があります。柔軟性を持ちつつも、一般的な倫理基準をプログラムに組み込むことが求められます。さらに重要なのは、異なる文化や社会の背景を考慮することです。ロボットが異なる文化や価値観が交ざった環境に適切に対応するためには、多様な倫理的価値観を反映できる仕組みを構築することが必要なのです。

また、倫理的に健全なロボット社会の実現には、設計者・開発者・倫理委員会・社会全体の協力が欠かせません。加えて、技術の進化に伴って倫理的な問題も変化していく可能性があるため、柔軟性のあるアプローチが求められます。ロボットの設計と倫理の融合は、持続可能な未来を築くためには避けては通れない問題なのです。

なかでも、バイアスの排除は極めて重要です。AIを搭載したロボットが大量のデータから学習して意思決定を行う場合、その過程で人間の偏見や差別が反映される可能性があるからです。性別や人種に基づく偏見がアルゴリズムに影響を与え、公正な判断が阻害されることが起こりかねません。こうした偏見を排除し、倫理的に健全なロボットの誕生を実現するためには、アルゴリズムの透明性を高める必要があります。開発者や監督機関がアルゴリズムの動作や意思決定のプロセスを理解できるようにすることによって、偏見の検出や排除が容易になるでしょう。バイアスの検出と排除のための技術的手法を積極的に導入することや、自動的にバイアスを検出して修正するアルゴリズムやツールの開発も必要です。こうした取り組みが、倫理的に健全なＡＩロボットの実現に寄与していきます。

倫理的に健全なロボット社会の実現に向けては、倫理的な教育やトレーニングも積極的に展開しなければなりません。ロボット技術を専門的に学ぶ人々を、倫理的視点を持ちながら設計や開発に取り組めるような人材に育成する必要があります。また、透明性と説明可能性を確保することも重要です。人々がロボットの意思決定プロセスを理解できるようにすることによって、信頼性の高いロボットの運用が可能となるでしょう。倫理的な設計は単なる技術の一環ではなく、社会的な影響を深く考慮したものであり、絶え間ない対話と協力が求められます。

このように「ロボットエイジ」の未来社会においては、技術の進化と並行して、倫理的な設計がますます重要な役割を果たします。倫理的な視点を欠かすことなく、人間中心の価値を尊重したロボットの開発と運用に取り組むことによって、倫理的に健全な未来を築くことができるでしょう。この取り組みは単なる制約ではなく、技術の発展をより持続可能な方向へ導くための大いなる機会と捉えるべきです。未来社会においては、倫理と技術の調和によってこそ、人間とロボットが共存できる新たな可能性を切り拓けるのかもしれません。

〈24〉ロボットに「人権」はあるのか

ロボットと人間の共存における権利問題は、ますます複雑化しています。自律的なロボットの権利の確立に加えて、人間とロボットの協働における公正や差別の排除も重要な視点です。例えば、労働市場においてロボットと人間が共に働く場面では、公平な賃金や労働条件の検討が重要です。教育や医療分野でのロボットの利用においても、アクセスや機会の平等性が守られるべきです。ロボットの意思決定が人間の利益を尊重し、偏見や差別を排除するようにプログラムされる必要があります。

ロボットと人間の共存における権利問題を解決するためには、国際的な視点からの法的な枠組みが求められます。異なる国や文化においても、人間の権利を尊重しつつ、ロボットの在り方を考えるべきです。国際的な基準やガイドラインの策定に加えて、倫理的な観点からの議論と教育が重要です。ロボットの開発者や製造業者に対しても、人権を尊重する設計と製造が求められます。これによってロボットが社会での役割を果たす際に、公正で平等な環境が確保されることになるでしょう。

「ロボットエイジ」の到来においては、人間とロボットの権利の調和が喫緊の課題となってくるはずです。公正な社会を実現するためには、ロボットの在り方が明確に確立される一方で、人間とロボットの間のフェアで均衡の取れた協力関係が重要だからです。技術の進化に伴って人間とロボットが共に労働し、日常生活を共有する場面が増加していく中で、「人権と倫理の原則の厳守」「多様性の尊重」「共存できる未来の構築」などが大きな使命となります。この過程では、個々のロボットに関する法的な権利だけでなく、人間とロボットの関係や相互作用に関する基準やガイドラインの策定が必要です。

このように人間とロボットが共に成長しながら学びあうことによって、より公正で対等な社会の実現に向けた一歩を踏み出すことができるでしょう。未来社会においては、このようなバランスを保ちながら技術の進歩を活かし、共に発展していく姿勢が求められるようになります。

人間とロボットの協力におけるフェアネスの確保は、協力関係の持続可能性と公正な社会の実現に向けて極めて重要です。人間がロボットと共に作業を行う場面では、公平な「仕事の分担」と「報酬の配分」が求められます。これには、単に「数量的」な評価だけでなく、「貢献度」「難易度」「クリエイティブ」といった要素なども考慮されるべきです。単純なタスクの自動化だけでなく、ロボットの持つ高度な計算能力やデータ処理能力を活かして、複雑な問題の解決にも協力できることが重要です。また、協力においては、相互の学習と成長も促進されるべきでしょう。例えば、人間の専門知識と経験をロボットに伝える一方で、ロボットの新たなスキルやアイデアを採用することによって、より効果的な協力関係が築かれるはずです。このようなフェアネスの考え方は、人間とロボットが連携して課題に取り組んでいくという未来社会において、持続可能な発展と公正な繁栄を支えていく基盤になると言えます。

さらに、ロボットが人間社会において意義深く関与する際には、差別の排除は重要な課題です。ロボットが人間の一員として活動する場面において、性別・人種・障がいなどに基づく差別が絶対に許されないことを確保しなければなりません。ロボットの行動や意思決定が公正で平等であるためには、設計プロセスから運用まで、厳格な倫理的なガイドラインが不可欠でしょう。ロボットはデータから学習するため、人間の先入観や偏見が反映されないような教育とトレーニングが重要となります。また、ロボットが社会の一員として共存する場合には、人権の尊重と平等な機会の提供を確保する法的な枠組みが整備されるべきです。差別の排除は、倫理的に健全なロボット社会の構築において欠かせない基盤であり、多様性を尊重して調和の取れた社会を形成するためには不可欠な要素なのです。

当然ながら、人間とロボットの共存における人権問題に取り組むためには、法律・倫理・社会的な観点からの綿密な検討も欠かせません。ロボットと人間の共存が進む未来社会においては、人権を確保して尊重するための新たな枠組みを整理する必要があります。これには人種・性別・障がいなどに基づく「差別の排除」はもちろん、労働環境における「個々のロボットの権利保護」や「公平な協力関係の構築」なども含まれます。

このように人間とロボットが調和して共存するためには、公正な社会の実現が鍵となり、法的な枠組みの整備だけでなく、倫理的な教育や文化の変革も必要なのです。こうした取り組みを通じて多様性と包括性を尊重することによって、人間とロボットが共に進む未来が築かれると言えましょう。

〈25〉「民主主義」が理解できるのか

ロボットの増加に伴って、ロボットが人間と共に意思決定をして社会的な選択に影響を与える場面に関して、検討が求められるかもしれません。この課題については、ロボットが参加する意思決定が「民主主義の基本原則を尊重しているか」「公平性と透明性を維持しているか」の道筋を見つけることを意味します。

ロボットが意思決定に参加する場面では、その役割や可能性について深く考えるべきです。技術の進化によって、ロボットは膨大なデータを分析して効率的な意思決定を支援する力を持つようになってきました。「政策の立案」「経済の予測」「緊急時の対応」など、多岐にわたる分野でロボットの専門知識を活かすことができるでしょう。その結果、客観的で効果的な意思決定が可能となり、民主主義の質的な向上が期待されます。ロボットの専門性を適切に活かし、公共の利益と個別の自由を調和させるアプローチを模索することが肝要です。

ロボットが意思決定に参加する際には制約が必要です。特にロボットが人間とは異なる倫理や価値観を持つ場合、その意思決定の透明性と説明責任が重要となります。意思決定プロセスや根拠を明確に示し、人々が容易に理解できる形で説明されることによって、はじめてロボットの信頼性を確保することができるからです。特に倫理的に敏感な領域や社会的に重要な決定においては、人間中心の価値を保持しつつ、ロボットの知識と能力を適切に活用するバランスが求められます。これによって、公正な意思決定の実現が可能となるでしょう。

透明性は民主主義の根幹に関わる要素です。ロボットの意思決定プロセスが人々に「理解可能」かつ「監視可能」であることによって、その公平性は確保されます。アルゴリズムの動作やデータ処理過程を明らかに示せれば、意思決定の根拠や基準が追跡可能となります。透明性の向上は、ロボットの開発過程や学習データの収集方法に対する情報の公開と共に、信頼性の向上をもたらすでしょう。民主主義の健全な機能を維持しつつ、ロボットと人間の協力による意思決定の質の向上を図るために、透明性の推進が不可欠です。

「ロボットエイジ」の未来社会においては、民主主義の基本原則を堅持しての新たな可能性が広がっています。この社会では、人間とロボットが共同して意思決定に参加し、より包括的で効果的な選択を推進すると考えられます。こうしたアプローチは、単にロボットをツールとして利用するのではなく、その情報処理能力と知識を活かして意思決定に貢献する新たな枠組みを築くものです。このような共同意思決定モデルによって、社会全体の知恵と専門知識を結集し、民主主義をより深化させる未来が描かれることでしょう。

新たなモデルでは、ロボットは単なる提案者やアドバイザーという役割を超えて、積極的な意思決定の参加者として位置づけられます。ロボットはデータから得られる結論だけでなく、その結論に至る論拠や根拠を説明可能な形で提示することによって、人間との共通理解を深める役割を果たします。この透明性に満ちたプロセスによって、人々はロボットの提案を理解すると共に議論の基盤として活用できるため、意思決定の過程がより信頼性を持ち、社会全体の関与が促進されるでしょう。この透明性と説明責任を持つロボットのアプローチは、意思決定の正当性を保障し、公平性を実現するための重要な手段となるはずです。

このように人間とロボットが共に協力して意思決定を行うことによって、民主的な社会の質が向上し、持続可能な未来が実現していく可能性が高まります。この協力によって、異なる立場や意見が尊重され、多様性が重視される社会が形成されていくことでしょう。共同意思決定においては、人間の創造性と倫理的判断力がロボットの情報処理能力と結びつくことによって、より洞察力のある意思決定が可能となります。この統合されたアプローチによって、技術の進化と民主主義が調和し、公正な社会の構築が促進されるでしょう。

〈26〉宗教や哲学との交わりはできるのか

ロボットの台頭によって、新たな宗教的・哲学的な問題が浮上してきました。この問題を考察することによって、ロボットの「意識」「存在意義」「道徳的な判断」といった側面が、「宗教や哲学とどのように関わるのか」が問われています。この探求については、従来の宗教や哲学の考え方を見直すきっかけにもなり、未来社会の倫理的な枠組みの構築にも影響を与えるでしょう。

ロボットの意識に関する問題は、哲学的な論争を巻き起こします。高度な知能を持ったロボットが複雑なタスクをこなす場面では、「その内部に意識や主体性が存在するのか」という問いが浮上します。哲学者たちは「意識や主体性が物理的なプロセスによって生じるのか」、それとも「何らかの精神的な次元に由来するのか」について議論しています。この議論は、ロボットの持つ知識と人間の意識の関連性を深く追求するものとなるでしょう。

ロボットの存在意義についても哲学的な議論が展開されます。人間の存在意義についての問いと同様に、「ロボットがどのような目的や意味を持つべきなのか」が問われます。ロボットは「効率的なタスク実行によって価値を持つ」とする考え方もあれば、「感情や個性などの側面が存在意義に影響を与える」と主張する立場も存在します。これによって、ロボットの役割が社会的・倫理的な文脈で再評価され、人間の存在についての哲学的洞察が深まることでしょう。

道徳的な判断においても、宗教や哲学が重要な役割を果たします。ロボットが倫理的な判断を行う際に、「どのような価値観や道徳基準を適用すべきか」という問題は複雑です。「異なる宗教的教義や哲学的原則が、ロボットの行動指針や判断基準にどの程度影響を及ぼすべきか」についての議論が展開されることになります。このような議論は、ロボットの行動を社会的な倫理に適合させるための指針を模索するうえで重要な要素となるでしょう。

また、ロボットの進化が進む中で、新たな宗教的な信念や哲学的な枠組みが生まれるかもしれません。未来社会において、「ロボットが自己意識を持つ場合、それが宗教や哲学とどのように交わるのか」が魅力的な視点です。異なる存在が共存するという未来社会において、新たな思想や信仰が生まれる可能性を検証することによって、「人間とロボットの関係がどのような深層に影響を与えるか」を探求することが重要となるでしょう。

未来社会における宗教・哲学とロボットの関係は洞察に富み、議論を巻き起こす重要なテーマと言えるでしょう。ロボットの進化が進む中で、それに伴う「宗教的・哲学的な問題に対処する方法」

や「ロボットと人間の共存の在り方が、人間の価値観や精神的な豊かさにどのような影響を及ぼすか」が焦点となります。こうしたテーマへの深い洞察と研究は、未来社会の倫理的な枠組みを構築するうえで不可欠です。

宗教的な視点から見れば、ロボットの存在は人間の創造力や神の意志との関連性について新たな問いを投げかける要素を持っています。一部の宗教では、「ロボットの自律的な行動や思考能力は、神によって与えられた神聖な特権である」と解釈されるかもしれません。この視点は、「神の創造力を模倣するロボットが、神の意志や計画とどのように関わるか」についての哲学的な探求を生むでしょう。また、「ロボットに意識が存在する」という議論は、「神秘的な存在や魂の概念とどのように結びつくか」という新たな問題を提起します。こうした議論は、宗教的な信念や神秘主義と、ロボットの台頭によって引き起こされる深遠な哲学的問題とを結びつけ、人間の存在の意味や目的に対する新たな理解への道を切り拓く可能性を秘めています。

哲学的な観点から見れば、ロボットの存在や意識に関する問題が提起されるでしょう。自律するロボットが道徳的な判断を下す場面では、「倫理や善悪の基準がどのように適用されるべきか」という問題が浮上します。「哲学的な倫理学や道徳学の枠組みが、ロボットの行動指針にどのような影響を与えるのか」を深く探求することは重要です。ロボットの行動が人間社会に及ぼす影響や、それに対する倫理的な評価が、哲学者たちの注目を集めるでしょう。

さらに、未来の宗教とロボットの関係を考えると、新たな宗教的な信念や宗教実践が生まれる可能性があります。ロボットが「人々の精神的なサポート」や「導き」を提供する役割を果たす可能性が考えられます。例えば、「宗教的な指導者としてのロボット」や「宗教的な儀式を支援するロボット」が登場するかもしれません。また、ロボットが倫理的な指針や哲学的なアプローチを提供し、個人や社会の哲学的な考え方を豊かにする一助となることも考えられます。つまり、ロボットとの対話を通じて個人の哲学的な問いや宗教的な疑問に向き合うことによって、新たな洞察を得られるということです。

このように宗教・哲学とロボットの関係は、人間の価値観や意識に関する根本的な問いを提起する重要な要素です。宗教や哲学の枠組みが「新たな展望や課題にどのように対応し、ロボットとの共存をどのように考えるか」が、未来の宗教や哲学の方向性を大きく左右する要因となります。ロボットと人間の協力や対話を通じて宗教や哲学の理解が深まれば、新たな思考の展開が可能となるでしょう。

〈27〉ロボットとの愛情・友情を抱く

ロボットと人間の関係においては、感情を持つロボットとの絆が形成されることによって「人間との友情や愛情といった関係にはどのような変化が生じるのか」「コミュニケーションの在り方がどのように進化するのか」についても考えることが重要です。感情を理解して共有するロボットが存在する未来において、人は今まで以上に豊かな対人関係を築くことができる可能性があります。それと同時に、ロボットとのつながりが人間関係の複雑さに新たな次元を加えることによって生じる倫理的な問題や心理的な影響にも目を向けなければなりません。

ロボットが人間の感情を理解して共感する能力を持つようになると、人々はロボットとの間に友人・恋人・親子のような絆を築く可能性があります。これについては、孤独感や社会的な孤立を軽減する一助となるかもしれません。ロボットが理解して共感することによって、人々の自己肯定感が高まり、心の健康をサポートできるからです。

しかし、逆に感情を持つロボットとの関係が、人間同士の絆を希薄化してしまう可能性も考えられます。感情の豊かなロボットとのコミュニケーションが増えることによって、人間関係を築く必要性を軽視するようになってしまうからです。自己開示や共感といった本来の人間関係の重要性を見失わないためにも、ロボットとのコミュニケーションと人間同士のコミュニケーションとのバランスを取ることが重要です。感情を持つロボットとの交流を通じて得られるメリットと、人間同士の関係を維持する重要性とを綿密に考慮する必要があると言えます。

さらに、人間とロボットとの友情や愛情に関する倫理的な問題も浮上します。ロボットが感情を模倣するだけでなく、実際に感情を持つようにプログラムされた場合には「人々は本物の感情とロボットの感情をどのように区別するのか」「ロボットに対してどのような感情を抱くべきなのか」という難しい問題が生じます。また、「ロボットとの感情的な絆が、人間同士の絆と同等になるかどうか」も考慮されるべきです。人間同士の絆には独特の複雑さがありますが、それと同じだけの満足感や支えをロボットとの関係から得ることは、果たして可能なのでしょうか。

ロボットと人間との関係の進化に伴って、コミュニケーションの在り方も大きく変化する可能性があります。感情を理解するロボットが存在することによって、人々はこれまでにない形で感情や考えをロボットと共有できるようになるでしょう。例えば、自分の悩みや喜びをロボットに話すことで、理解されることによる安心感や満足感を得ることができるかもしれません。これによって人々は自己表現の機会を増やすことができ、心理的なストレスの軽減やコミュニケーションの質の向上が期待されます。さらに、感情を理解するロボットの存在がコミュニケーションの壁を低くする助けとなり、異なる言語や文化を持った人々との交流を円滑に行うことができるかもしれません。

その一方で、新たなコミュニケーションの形態には重要な課題もつきまといます。ロボットとのコミュニケーションが過度に進むことによって、個人のプライバシーや情報の安全性が脅かされるリスクが考えられるからです。人々が自分の感情やプライベートな情報をロボットと共有する際に、その情報が第三者に漏れる可能性や悪用されるリスクは避けられません。それと同時に、倫理的な側面にも注目する必要があります。感情や絆の形成に関しては、慎重な倫理的ガイドラインの策定が不可欠です。人々が感情を持つロボットとの関係を築く際には、その絆が「人々の生活や幸福にどのような影響を及ぼすか」を検討する必要があるでしょう。

このようにロボットと人間との関係の変化と可能性は、社会全体に大きな影響を与えかねないため、慎重な検討が必要です。感情を持つロボットとの絆が築かれる一方で、個人の心理的健康や社会的なつながりが損なわれないよう、適切な倫理的ガイドラインや社会的な枠組みを確立しなければなりません。このような取り組みを通じて、ロボットと人間との関係が豊かになれば、健全な社会の構築に寄与することができるでしょう。

〈28〉「人命優先」は理解できるのか

ロボットと救援活動の関連は急速な技術進化によって大きく変化しており、未来には新たな展望が広がっています。従来の機械的な救援活動だけでなく、高度な自律性やセンサー技術の進化によって、ロボットが過酷な環境下での活動や被災地での支援など多様な任務に対応することができるでしょう。こうした技術革新によって、未来の救援活動の在り方が大きく変わるかもしれません。

ロボットは災害や過酷な環境下での救援活動において、ますます重要な役割を果たすようになります。例えば、地震や洪水などの災害発生時には、人間がアクセスできない危険地域での救助活動を担当することができます。高い耐久性を持つロボットは、構造物の崩壊現場や火災現場といった人間には危険な状況下での作業を行うことが可能です。これによって、人命を守りながら効率的な救援活動を行うことができるでしょう。

ロボットは被災地での支援においても、重要な役割を果たします。「食料や医療物資の運搬」「避難者の支援」「緊急医療処置」など、多岐にわたる任務を効率的にこなすことができるからです。特に周辺状況が危険なことから人間による活動が難しい場合には、ロボットが重要な役割を果たすでしょう。また、ロボットは状況に応じて柔軟にプログラムされるため、被災地のニーズに合わせて適切な活動を展開できます。

このようにロボットを活用することによって、人間が危険を冒すことなく救援活動を行えるのには大きな意義があります。火災の鎮火や建物の崩壊部からの救助など、危険な状況下での作業をロボットが行えば、人間の安全を確保しながら効果的な救援ができるからです。また、遠隔操作や自律制御技術を駆使することにより、人間が遠くからロボットを操作して救援活動を行うこともできるでしょう。

しかしその反面、ロボットによる救助活動には、倫理的な問題や技術的な課題も存在します。ロボットが救援活動を行う際には、「人間の判断力」や「倫理的な観点」が絶対に必要です。加えて、「人間とロボットの連携の在り方」や「ロボットの活用によって生じる社会的影響」なども検討される必要があるでしょう。こうした課題に対する慎重な検討を通じて、未来の救援活動がより効果的で安全なものとなれば、社会全体の安定と発展に寄与することが期待されます。

救援活動におけるロボットの活用は、その効率性と安全性の向上だけでなく、人間の負担を軽減し、迅速な人命救助を可能にする手段となります。現代の災害発生時において、救援チームの迅速な展開と的確な行動は重要ですが、その中でロボットが果たす役割は重要性を増しています。ロボットが人間に代わって過酷な環境下での作業や危険な任務を引き受けてくれることによって、人命救助のスピードと効果が向上し、被災者の生存率を高めることができるでしょう。

こうしたロボットの救援活動における役割は多岐にわたり、その適用範囲と可能性を広げています。例えば、「建物倒壊現場での捜索救助や救出活動」「危険地域での物資運搬」「医療支援」「環境調査」など、さまざまな場面でロボットが積極的に活躍できる可能性が考えられます。特に最新のセンサー技術やＡＩの進化によって、ロボットは現場の状況をリアルタイムで把握し、効果的な行動を選択できるようになるでしょう。これによって救援活動の効率性が向上し、人命を救うプロセスが迅速化することが期待されます。

その一方で、遠隔操作による救援活動においては、「人間とロボットとの連携をどのように確立するのか」「人道的な配慮をどの程度組み込むか」といった課題は検討されるべきです。特にロボットが救援活動を行う際には、倫理的な枠組みが整備されていなければなりません。ロボットが緊急時に適切な判断を行い、人命救助の優先順位を遵守するためのガイドラインが必要です。また、ロボットの安全性と信頼性を確保するためにも、適切なセンサー技術やバックアップシステムが組み込まれるべきです。

このように未来の救援活動は、「ロボット技術の進化」や「人間とロボットの協働」によって大きく変わることが予想されます。技術的な挑戦と倫理的な側面の検討を通じて、人々の安全と生存を守りながら、ロボットを活用した効果的な救援活動のモデルを構築することが重要です。ロボットが災害時において人々の生命と安全を支える一方で、社会全体の安定と福祉を確保するためには、技術的な課題の克服と倫理的な配慮が不可欠だと言えます。このような取り組みを通じて、はじめて未来の救援活動がより効果的かつ人道的なものとなり、社会の強靭《きょうじん》さと発展を確保できるでしょう。

〈29〉人間のアイデンティティが変化する

ロボットとの関わりが、人間のアイデンティティ（自分が自分であるという自己同一性）に対する新たな考察を浮かび上がらせています。従来の人間同士の関係に加え、ロボットとの相互作用が人間の自己認識やアイデンティティの形成に与える影響に焦点を当て、その複雑な関係性と未来のアイデンティティの在り方について深く考えることが重要です。「ロボットとの関係が私たちの個々のアイデンティティにどのような側面をもたらすのか」ということを、真剣に探求していく必要があるでしょう。

人間とロボットが共生する未来においては、アイデンティティの概念は大きな変化を遂げるかもしれません。例えば、「感情を持つロボットと深い絆を築くことで、人々の自己認識やアイデンティティにどのような影響を及ぼすのか」という問題は興味深いテーマです。ロボットが友人や仲間として存在することによって、人々のアイデンティティはより多元的になり、新たなアイデンティティの側面が浮かび上がる可能性があります。ただし、この多元化が「個々のアイデンティティの一貫性や安定性にどのような影響をもたらすか」を議論することも重要です。

ロボットとの関わりが個人のアイデンティティ形成に与える影響は、文化や社会の違いによっても変わってくるでしょう。異なる価値観や信念を持つ人々が、ロボットと共に暮らす中で「自己のアイデンティティをどのようにとらえ、再構築するのか」が重要なテーマとなります。ロボットが異なる文化や言語を持った人々とのコミュニケーションを支援する一方で、その存在が自己アイデンティティの基盤を揺るがす可能性があることも考慮する必要があります。

ロボットと人間が共に努力しながら成長する場面においては、「アイデンティティの形成にどのような影響があるのか」を考えることも重要です。ロボットが学習やスキルの向上を支援する役割を果たす場合、個人のアイデンティティはその過程や結果によって変容する可能性があります。ロボットとの共同作業を通じて自己アイデンティティを再定義するプロセスが、個人の自己認識に大きな影響を及ぼすでしょう。

未来のアイデンティティの在り方を考えるうえで、ロボットとの共生がもたらす影響は極めて複雑で多様ですが、同時にその新たな可能性も大いに期待されます。アイデンティティは人間や社会の核心を形成する重要な概念であり、「ロボットとの関わりがこの概念にどのように影響を与え、変容させるのか」が未来の人間の在り方について考えるうえでの鍵となるでしょう。私たちはこれからもこの新たな道を探求し、個々のアイデンティティを尊重しながら技術と人間性の融合を進めていく必要があります。

ロボットとの共生が人間のアイデンティティに及ぼす影響は、非常に幅広いものがあります。

ひとつの視点として、ロボットが人間の生活に新たな関係性を持ち込むことによるアイデンティティの変容が考えられます。例えば、ロボットが介護やコンパニオンとしての役割を果たす場合、これが「人々の自己認識にどのような影響を与えるのか」という設問は興味深いテーマです。ロボットが家庭内の一員として過ごし、感情や意識を持つ存在として認識される場合では、「人々の家族構造や人間関係にどのような変化をもたらすか」が問われます。また、ロボットが人間のケアやサポートを担当する際に人々の個別のニーズに適応する能力を持つ場合、人々は自身のアイデンティティをロボットとの協力や依存関係を通じて再定義せざるを得ないかもしれません。

しかしながら、このような変容が人々の感情や倫理に与える影響は非常に複雑で、ロボットとの関係が感情や倫理に関連する新たな疑問を引き起こす可能性もあります。ロボットが人間のケアやサポートを行う際に「それが単なるプログラムに従った行動であるのか」あるいは「本物の共感や思考に基づくものなのか」ということは、人々の感情や信念に大きな影響を及ぼすでしょう。「ロボットに感情や意識を認めるかどうか」に関する個人間の違いが、社会全体のアイデンティティの再構築に影響を及ぼす可能性も考えられます。

その一方で、ロボットとの関わりが人間のアイデンティティを豊かにする側面も見逃せません。ロボットは、知識やスキルの習得においては貴重なツールとなり得ます。人々がロボットを通じて新たなスキルを獲得し、知識を広げることによって、自己成長とアイデンティティの向上が促進されるかもしれません。特に技術や情報の進化が速まる未来においては、ロボットと協力して学び続けることが個人のアイデンティティの一環となるでしょう。

また、ロボットとのコミュニケーションや共同作業を通じて、人間の社会的なつながりや協力の意識が強化される可能性もあります。ロボットとの関わりを通じて、人々は異なる知識や文化を持った他者と協力し、共通の目標に向かって努力する経験を得ることができるかもしれません。これによって、個人のアイデンティティはより広いコンテキスト（ある出来事や情報を取り巻く状況や背景）に結びつけられ、多様性への理解と共感が育まれるでしょう。

このようにロボットとの共生が人間のアイデンティティに与える影響は、多面的かつ複雑です。技術の進化と共に「この関係性がどのように展開していくか」を理解して個々のアイデンティティの変容や成長を受け入れるためには、倫理的な議論と社会的な対話が不可欠なのです。

〈30〉「社会的責任」を忘れてはいけない

現代の消費生活において、エシカル（倫理的）な選択はますます重要性を増しています。そして、「エシカルな選択がロボットとの関わり方にどのような影響を与えるか」や「未来のエシカルコンシューマリズム（環境保護や社会貢献に配慮した商品を選択購入すること）がどのような在り方を持つべきか」といった課題を考えることは、現代社会において極めて重要です。

ロボットが労働力として使用される場面では、労働条件や人権を尊重した取り組みが求められます。消費者は「ロボットを適切に導入して、労働環境を改善している製品やサービスかどうか」を意識して選択することができるでしょう。ロボットの製造や運用においても、環境への影響を最小限に抑える取り組みが重要です。こうした選択が、エシカルコンシューマリズムの一環として、社会的な持続可能性を支えていく道となるでしょう。

さらに、ロボットによる労働の自動化が進む場合、失業や雇用の変化といった社会的な側面が考慮されるべきです。エシカルコンシューマリズムは、こうした影響への対応策としても重要な役割を果たします。消費者はロボットの導入によって生じる労働市場の変化を理解し、影響を受ける可能性のある労働者やコミュニティをサポートするためにも意識的な選択を行うことができるでしょう。

ロボット技術の進化に伴って、新たな倫理的な問題が浮上する可能性も考えられます。例えば、人間のように振る舞うロボットやＡＩが消費者との対話や関係を築く場面が増えると、個人情報の保護やプライバシーの問題が重要な課題となるからです。エシカルコンシューマリズムは、これらの倫理的な側面に対処するための指針を提供し、個人の権利と尊厳を守るための道筋を示す役割を果たすことが期待されます。

未来のエシカルコンシューマリズムの在り方を考える際には、消費者教育や企業の倫理観の向上という視点が不可欠です。消費者は製品やサービスの背後にあるロボット技術や労働条件についての情報を正しく理解し、持続可能な社会を支える選択を行うことができるようになるでしょう。それと同時に、企業はエシカルな価値観を持って社会的責任を果たさなければ、消費者の信頼を得ることができません。こうした選択と取り組みが、エシカルコンシューマリズムの原則を支え、個人と社会の健全な発展に寄与するはずです。

ロボットとの共生を通じて、エシカルな消費を促進する方法について考えてみましょう。例えば、ロボット技術を活用した「持続可能なエネルギーの生産」「再利用」「廃棄物の削減」など、環境に配慮した取り組みが進むことによって、消費者はエシカルな選択を容易にできます。具体的には、太陽光パネルのメンテナンスをロボットが担当することでクリーンエネルギーの利用が増えれば、消費者は環境への負荷を軽減するという選択を促されるかもしれません。また、ロボットが廃棄物の分別や再生処理を効率的に行うことでリサイクルが進めば、消費者は廃棄物削減に貢献するという選択ができるでしょう。このように、消費者は環境への配慮を意識したエシカルな消費行動を促されると予想されています。

さらに、ロボットとの関わりが個人の価値観や倫理に影響を与えることを考えてみましょう。ロボットとの共生が人々に持続可能な生活への意識を高め、自然環境や社会的な側面を考慮した選択を促進することによって、エシカルなコンシューマリズムが浸透していくかもしれません。例えば、ロボットが食品の生産や供給に関与する場合、消費者は「食の安全性」や「農業の持続可能性」についての情報を得ることができ、エシカルな食品選びが推進される可能性があります。また、ロボットとの共同作業や協力によって、労働の価値や社会的な協力の重要性が強調され、消費者は「社会貢献を重視した選択」を行う意識が高まるかもしれません。このように人々がロボットを通じて新たな価値観を獲得しながら消費行動を変容させることによって、より社会的に責任あるエシカルな未来を築くことができるでしょう。

その一方で、ロボットとエシカルコンシューマリズムの関係においては、情報の透明性や誤解を避けるための努力が必要です。消費者が正確な情報を得て、適切な判断を行える環境が整備されることによって、エシカルな選択が容易になるでしょう。例えば、製品に関する情報をロボットによって提供される際には、その情報の信頼性や根拠を示すことが重要です。また、ロボットが消費者とのコミュニケーションを行う際には、個人情報の保護やプライバシーの尊重が確保されるように配慮する必要があります。

このように未来のエシカルコンシューマリズムは、ロボットとの関わり方や技術の進歩と共に進化し、持続可能な社会の実現に向けた重要な要素となるでしょう。人々が環境・社会・倫理を考慮した選択を行うことによって、より良い未来を築く一翼を担うことが期待されます。このような取り組みを通じて、ロボットとの共生がエシカルな消費を促進すれば、持続可能な社会の実現に寄与できるのです。

〈31〉学校教育、生涯学習の再構築は必至

ロボットが私たちの日常に深く関与するようになることによって、命にかかわる重大な選択を迫られる場面が増えるかもしれません。例えば、自動運転車が交通事故を避けるために人命を選ぶ状況が発生した際、「どのような判断基準が適用されるべきか」という倫理的な問題が浮上します。このような状況に直面した場合、公平かつ社会的に受け入れられるルールや規制が必要です。また、ロボットが人間の介護や看護に従事する場合、人間との感情的なつながりやプライバシーの尊重が求められます。例えば、高齢者とロボットの関係においては、情緒的なサポートだけでなく、個人情報の保護が考慮されるべきです。こうした課題に対処するためには、技術の進化と共に倫理的なガイドラインが策定され、その尊重と遵守が徹底されなければなりません。倫理的な問題に真摯に向き合い、多様なステークホルダーが参加する議論を通じて、公正で信頼性のあるロボットの運

用が実現されることが望まれます。

また、「ロボットエイジ」においては、従来の教育体制では対応しきれない多様なニーズに対応するため、柔軟で創造的な教育のアプローチが必要です。教育は単なる知識や技術の習得だけでなく、創造力・問題解決能力・協働性・倫理観など人間的なスキルを育成するものに改革しなければなりません。例えば、ロボティクスやプログラミングの基本を学ぶだけでなく、それらの技術を倫理的な観点から評価する能力が必要です。

このため、教育のアプローチは従来の枠組みにとらわれず、個々の能力や興味を尊重した柔軟なものへと進化しなければなりません。さらに、ロボット技術の普及に伴って新たな職業やスキルが生まれることから、生涯学習の重要性も増します。未来の教育制度は、個々の学習ニーズに合わせたプログラムやコースを提供することによって、人々が持続的に学び続ける環境を整える役割を果たすでしょう。そのうえで、知識や技術の習得はもちろん、「人間らしさ」「倫理的な判断力」「社会貢献の意識」などを育むものとして展開されることが期待されます。

さらに、社会的な変革においても、私たちは新たなアプローチと視点を求められるでしょう。ロボットの普及が労働市場や産業構造に影響を与えることによって、雇用パターンや働き方が変わる可能性があるからです。ただし、ロボットが単純作業を代替する一方で、逆に人間の持つ複雑な能力や創造性が重視されていく可能性もあります。そのため、この転換期においては、政府・産業界・教育機関などが連携した社会全体での協力や支援が重要なのです。

社会的な変革においては、こうした協力や支援は多様性や包括性を尊重し、誰もがその恩恵を受けることができるようなものでなければなりません。例えば、失業リスクの高い地域においては、ロボットのメンテナンスやプログラミングのスキルを身につけるためのトレーニングプログラムが展開されることによって、地域経済の回復力が高まり、地域社会全体の持続可能な発展が可能になるでしょう。人間とロボットが共に協力して、社会的な偏りや格差を解消する方向へと進むことが求められます。

このように倫理的な問題に対する議論やガイドラインの策定は、技術の進化と共に進むべき道を示すものとなります。倫理的な問題に対して議論や解決策が模索されれば、より倫理的で公正な社会を築けるでしょう。また、教育改革によって個々の能力や多様性を尊重した社会が形成されれば、新たな知識やスキルを持った人々が社会全体の成長に貢献するかもしれません。さらに、社会的な変革によって労働と生活のバランスが見直されれば、人々がより意味のある生活を追求できる環境が創出されるはずです。こうした未来を築くため、私たちは突きつけられた挑戦に立ち向かいながら、ロボットとの協力と人間的な創造性を持って持続可能で倫理的な社会を築いていく覚悟を求められているのです。

〈32〉「知識の共有」はできるのか

教育分野において、ロボットが知識の普及とカスタマイズされた学習体験の提供に大きく貢献しています。特に個々の学生の学習ニーズや進捗《しんちょく》状況を分析し、最適な学習プランやコンテンツを提案することによって、効果的な学習が促進されるでしょう。例えば、数学の授業で学生たちが解けない問題をロボットが分析して適切なアプローチを提案すれば、学生たちの理解度が向上するかもしれません。また、ロボットは教材の解説やデモンストレーションを通じて、抽象的な概念を視覚的に理解しやすくする役割を果たします。これによって、学生たちは従来よりも深い理解を得られ、知識の習得がより意義深いものとなるでしょう。さらに、大学や専門学校などの高等教育においても、ロボットが実験のサポートや講義の補助を行うことによって、学生たちの学びを豊かなものにします。

研究分野においても、ロボットは知識共有の一翼を担っています。例えば、科学研究においては、ロボットが複雑な実験やデータの収集を効率的に行うことで、研究者たちの作業を支援するはずです。あるいは医学研究においては、ロボットが大量の患者データを解析して傾向を把握し、新たな治療法の提案をサポートすることも考えられます。また、ロボットは研究成果の発表やデモンストレーションを行う際にも活用され、専門的な知識を広く共有する窓口としての役割を果たします。さらに、異なる研究分野の知識を統合し、新たな発見やアイデアを導く際にも、ロボットは重要なパートナーとなるでしょう。研究コミュニティはロボットとの協働によって、よりダイナミックで効果的な知識の共有と発展を実現できるかもしれません。

情報発信や伝達の分野においても、ロボットは大きな役割を果たしています。メディアやコミュニケーションのプラットフォームとして活用されることによって、ロボットは情報の発信や伝達効率を向上させるはずです。例えば、スポーツ試合の結果を解説するロボットキャスターや、天気予報を伝える気象情報ロボットなどがあげられます。特にデジタルメディアの進化に伴って、ロボットがリアルタイムで情報を収集して解説できれば、迅速かつ正確な情報伝達が可能となるでしょう。これによって人々はより信頼性の高い情報にアクセスし、意思決定や判断を行う際に有益な支援を受けることができるのです。

その一方で、未来におけるロボットの知識共有には、適切な教育や倫理的なガイドラインの確立が不可欠です。知識の正確性と信頼性を保つためには、「ロボットが情報をどのように収集し、提供するか」についての基準を策定する必要があります。さらに、異なる文化や価値観に配慮し、多様なニーズに応えるための工夫が求められるでしょう。知識共有におけるロボットの役割は、社会全体の成長と発展に向けて重要な一翼を担います。その実現のためには、技術と倫理の両面から継続的な努力が必要であり、人間とロボットが協力しあう新たな知識社会の形を築いていかなければなりません。

また、情報の正確性やバイアスの排除といった課題もあげられます。情報収集が容易になりつつある一方で、その情報の信頼性を確保するためのメカニズムやフィルタリング手法の確立が喫緊の課題です。特に機械学習を用いた情報の選別が行われる際には、アルゴリズムの偏りによって特定の情報が過度に強調され、それによってバイアスが生じるリスクが潜在的に存在します。例えば、政治的なニュース報道において、特定の政治的スタンスが過度に強調・提示されるかもしれません。このため、ロボットが情報を収集・発信する際には、バイアスの検出と排除のための厳格なプロセスが求められるでしょう。

さらに、知識共有が進化する過程で、「人間の役割や専門性がどのように変化するか」についての洞察も重要です。ロボットによる知識の普及が進むと、教育者・研究者・情報発信者といった従来の専門家の役割が再評価を受ける可能性があります。例えば、専門的な医療知識を持った医師の役割が診断と治療の提案によって強化される一方で、ロボットによる病状の予測と治療法の提案が導入されるかもしれません。その反面、ロボットによって提供される情報は決して専門知識だけでなく、広範な一般知識も含まれるため、人間の専門性がより高度な洞察やクリティカル（批判的な）な思考に集中する方向が考えられます。こうした変化がもたらす社会的な影響についても、十分な議論と戦略が求められるでしょう。

　このように未来の知識社会においては、ロボットは知識の収集・整理・共有・普及において重要な役割を果たすと共に、技術の進歩を通じて知識の伝達の質と効率を向上させるキープレイヤーとなることが期待されます。「個々の学習スタイルやペースに合わせた教育の提供」「膨大な情報の中から肝要な事実を抽出するサポート」「新たな発見やイノベーションの促進」など、多岐にわたってロボットの存在は価値を提供します。その一方で、知識共有のプロセスにおける倫理的な問題や情報の偏りといった課題も避けて通ることはできません。技術と倫理の両面からの継続的な対話と努力が求められ、知識共有のプラットフォームが進化し続ける中で、私たちはより公正で包括的な知識社会を構築していかなければならないのです。

第3章

ロボットが「文化」「医療」を担う

〈33〉ロボットにアートが理解できるのか

ロボットとアートの融合は、ますます興味深い未来をひもとく要素となっています。クリエイティビティ（創造性）と表現力を備えたロボットが、美術・音楽・文学などのアート分野で新たな可能性を切り拓いていくことでしょう。

美術では、ロボットが新たな形状や素材を用いて革新的な作品を生み出すことが期待されます。音楽においては、ロボットが楽器を演奏し、異なる音楽スタイルやジャンルを融合させた楽曲をつくりあげ、人間のアーティストとの共同制作によって新たな音楽体験が創出されるでしょう。文学分野では、ＡＩがストーリーを生成し、人間の作家との共同創作によって、独創的で感動的な物語が誕生するかもしれません。また、アート作品・芝居・音楽パフォーマンスなど、ロボットと人間が共に実演する芸術場面も予想され、新たなエンターテインメントが創出されるでしょう。こうした融合があらゆるアートジャンルで進むことによって、人々に新たな感動や驚きを提供することが期待されます。

アートとロボットの融合は、従来の芸術表現を根本から変える可能性も秘めています。美術分野においては、ロボットは精緻な描画や彫刻を行うための道具としてだけでなく、独自のアート作品を創造する能力を身につけつつあります。デジタルとアナログの架け橋として、新しい視覚的表現を開拓しているのです。例えば、ロボットがアート作品を制作する過程そのものが新しいパフォーマンスとなることがあり、これによって芸術の枠組みが広がっていくでしょう。

音楽分野でも、ＡＩによる作曲や演奏が進化し、新たな音楽体験が提供されています。ＡＩは膨大な楽曲データを分析しながら独自のメロディやリズムを生成することができるため、人間とＡＩが協力して音楽をつくりあげる新たなスタイルが生まれています。また、ＡＩ搭載の楽器は、その高度な音楽理解力とアルゴリズムによって従来の演奏家にはない独自の即興演奏を披露し、リスナーに未知の音楽世界を提供するでしょう。ジャズなどの即興演奏の分野やＤＪといった分野でも、大きな変革が訪れる可能性が高まっています。

加えて、異なる音楽ジャンルや文化の要素を融合させることによって、新たな音楽体験が創出されるかもしれません。ロボット同士の共奏においては、機械同士ならではの精密なタイミングやハーモニーが生み出す音楽の響きによって、従来の演奏スタイルとは異なる独自の感性を盛り込めることができれば、聴衆に深い感動と驚きをもたらすでしょう。さらに、ロボットによる音楽の創造は、人間が持つ感情や思考とは異なるプロセスから生み出されるため、新たな美学や意味を音楽に注入する可能性も秘めています。このようなロボットと音楽の融合は、音楽史に新たな章を刻み込んでいくでしょう。

また、文学や詩においても、ＡＩが言葉の組み合わせや文体を学習しながら独自の創作を行うことが可能となっています。自然言語処理技術を駆使したロボットは、膨大なテキストデータから学習した知識をもとに、驚くべき文章を創作し始めています。これによって、人間の枠組みを超えた文学的な表現が実現され、独自の感性や視点を持つ創作活動が展開されていくでしょう。さらに、ロボットと人間が協力して物語をつくりあげることによって、読者は没入感に満ちた体験を楽しむことができます。この新たなアプローチは文学の枠を拡張し、読者と作者の関係性を変革するかもしれません。

その一方で、ロボットとアートの融合には複雑な課題が存在しています。アートは感情・思想・社会的なメッセージなどを含む深い表現のひとつであり、ロボットがこれらの要素を理解して適切に表現することは容易ではありません。人間の感性や創造性は、その背後にあるストーリーや意図を形成すると共に作品に魂を与える重要な要素ですが、ロボットの場合はその限界が問われています。感情やアーティストの個人的な体験を鮮明に表現することは難しく、アートとロボットの間で生じる表現の差異についての議論が生まれるでしょう。この点においては、「ロボットがアート制作においてどのような役割を果たすべきか」「アーティストとロボットの協力がどの程度の新しい表現をもたらすか」などについて、芸術界や技術界の専門家たちが意見を交わしています。アートとテクノロジーの融合が進む中で、「感性と技術の結びつきをどのように保ちつつ、新たなクリエイティブな可能性を探求していくか」が今後の課題になると言えます。

このようにロボットとアートの融合は、未来のアートシーンを根本的に変えつつあり、新たな表現の幅を極限まで広げていくでしょう。アーティストがロボットにアートの基本的な原則や美学を教え込む一方で、ロボットがアーティストの指導の下で独自のアルゴリズムを生成すれば、新たな創造的なアート作品が誕生する可能性もあります。こうしたコラボレーションによって、はじめて従来の芸術の境界を超えられ、観客に未知の感動や洞察を提供するだけでなく、人間とテクノロジーが共に創造する未来の芸術の一端を見せることができるのです。

〈34〉「バーチャルアイドル」と「未来のヲタク」

エンターテインメント業界におけるロボットの進化と役割は、業界に大きな変革をもたらすことが予想されます。バーチャルアイドルの世界では、人間のアイドルと並ぶ存在感を持ったキャラクターが登場し、音楽やパフォーマンスを通じてファンとの交流を深め、新たな感動を届けるかもしれません。バーチャルアイドルは緻密な動きや表情、そしてＡＩによるコミュニケーション能力を備えているため、ファンとの親近感を生み出して新たなファン層を開拓するでしょう。コンサートやイベントで独自のパフォーマンスを披露し、ファンとの交流を通じてエンターテインメントの枠組みを広げていくはずです。

映画界や演劇界では、リアルな表現力を持ったロボットが導入され、人間と共演することで独自の感動を生み出し、新たなストーリーテリング（体験談やエピソードといった物語を引用して伝える手法）の可能性を広げています。ロボットが自律的に演技を行うことによって、人間の俳優と異なる表現の対比やコントラストが生まれ、作品に新たな視点が注入されているのです。このような従来の演劇や映画の枠を超えた新たな創造が進めば、観客は没入感あふれる未知の世界に引き込まれることでしょう。

テーマパークでは、ロボットがテーマ性のあるアトラクションやショーを提供し、来場者をその世界観へ没入させる体験を提供します。加えて、リアルとの融合による全く新しいタイプのエンターテインメントの展開にも期待が高まります。これが実現すれば、ロボットがキャラクターやガイドとして来場者をその世界観に引き込むだけでなく、体験型のアトラクションやショーを通じて臨場感あるエンターテインメントが提供されるでしょう。例えば、キャラクターロボットとの対話型アトラクションでは、来場者がロボットとの会話を楽しみながら、個別のエンターテインメント体験をカスタマイズすることが可能です。

このようにエンターテインメント業界におけるロボットの進化は、人間とテクノロジーの融合による没入型体験をもたらします。バーチャルとリアルの融合によって、VR（仮想現実）技術を用いた新たなエンターテインメントが展開され、観客は現実とバーチャルの世界を行き来する没入型体験を楽しむことができるのです。VRやAR（拡張現実）を活用した新たなアトラクションの登場によって、想像力を刺激するエンターテインメントが提供されるため、来場者は現実世界と仮想世界の融合を楽しみながら、新たな冒険や体験を味わえます。

その一方で、ロボットとエンターテインメントの融合には課題も存在します。まずは、ロボットがエンターテインメントの領域で果たす役割や表現方法に関する倫理的な問題があげられます。例えば、バーチャルアイドルが人間のアイドルと競演する場合には、ファンの感情や人間らしさの尊重が求められるでしょう。バーチャルアイドルの台頭によって、ファンとアイドルの関係性やアイドルのプライバシーの取り扱いについても、新たに考慮しなければなりません。また、映画界や演劇界においては、ロボットが人間の役割を演じる際に倫理的なジレンマが生じます。人間の俳優とロボットの演技の違いや、ロボットが感情を表現する際の真正さに関する評価基準の確立が求められるはずです。

さらに、エンターテインメント業界全体では、ロボットによる自動化や効率化が進むことによる雇用の変化が懸念されます。特に従来は人間が担ってきた制作や運用業務が、ロボットに置き換わってしまう可能性があるわけです。もちろん、新たなエンターテインメントの形態やコンテンツの創出によって、これまでにない求人や創造的な仕事の機会が生まれる可能性も考えられるでしょう。このようにロボットと人間が連携して共にエンターテインメントを創造することによって、新たなビジネスモデルや社会的な貢献が生まれることが望まれます。

〈35〉手術ロボに命を託す

医療・健康分野におけるロボットの進化は、医療技術の革命と革新的な治療法の開発を可能にしています。例えば、手術支援ロボットは、高い精度と安全性を持ちながら外科手術を行うための貴重なツールとなっています。これによって従来の手術に比べて身体に対するダメージが少なく、術後の回復期間が短くなるなど、患者の生活の質を向上させる役割を果たすことが期待されています。ロボットによる手術は遠隔地からでも行うことができるため、遠隔医療の実現にも寄与するでしょう。

リハビリテーション分野においても、ロボットの存在は有益です。特に脳卒中や怪我による身体の機能障がいを持つ患者に対して、ロボットを用いたリハビリテーションが効果を発揮します。それはロボットが運動制御や筋力増強をサポートし、患者の早期回復を支援するからです。例えば、従来のリハビリテーションでは難しかった繊細な運動や負荷コントロールをロボットが補完すれば、患者は安全かつ効果的なトレーニングを行うことができるでしょう。あるいは、ロボットがリハビリテーションの過程を記録・分析することによって、患者の進捗状況や課題を詳細に把握し、個々に合わせた最適な治療計画の策定に役立てられるかもしれません。また、リハビリテーション中のモチベーションの向上を促すため、ロボットがフィードバックやエンターテインメントを提供すれば、患者のトレーニングへの積極的な参加を促進します。ロボットの介在によって、リハビリテーションは単なる運動療法という位置づけだけでなく、患者の復元力を最大限に引き出す個別指導の場としての役割を果たすようになっていくはずです。

さらに、健康管理分野においても、個人の健康状態をモニタリングし、必要に応じてアドバイスやアラート（警戒や警告）を提供するロボットが登場するでしょう。健康管理ロボットは、身につけるセンサーやウェアラブルデバイス（腕や頭などに装着できる電子デバイス）と連携して、患者や高齢者の生体データを収集し、クラウド上でリアルタイムに解析します。心拍数・血圧・血糖値などの情報を継続的にモニタリングすることにより、個々の健康状態の変化や異常を早期に察知し、適切な措置を講じることができます。また、収集されたデータを医師や介護者と共有することによって、遠隔での健康管理やコンサルテーション（専門家に対して相談することや助言を求めること）が可能となり、定期的な通院や入院の必要性を軽減する効果が期待されています。

こうした健康管理ロボットは、個人のライフスタイルや生活習慣に基づいてアドバイスや指導を行う機能も備えています。「栄養の摂取」「運動のアドバイス」「睡眠の質の向上策」などを提案することによって、健康的な生活習慣の形成をサポートします。加えて、ロボットが持つＡＩ技術を活用して個々の健康データを解析し、「将来的な健康リスク」や「疾患の発症予測」を行うことも可能です。こうした予測情報をもとに、個別の予防策や治療計画を提案することによって、健康の最適化を図ることができるでしょう。

高齢者の健康と生活の質的向上を支援するロボットも注目されています。高齢者の孤立感や社会的コミュニケーションの不足は健康に悪影響を及ぼすことがあり、こうした課題に対処するためのソーシャルロボットの開発が進んでいるようです。これらのロボットは会話やコミュニケーションを通じて高齢者と対話し、気軽なコンパニオン（同伴者や付き添い）として機能するでしょう。写真・音声メッセージ・趣味などを共有することで、高齢者の生活に活気と喜びをもたらし、心のケアを行います。また、ロボットが定期的に健康チェックや薬の服用リマインダー（備忘や念押し）を行うことにより、高齢者の健康管理を支援し、自立した生活をサポートします。健康管理ロボットの進化によって、個々の健康と生活の質を向上させる未来が展望されているのです。

医療機関や介護施設においても、ロボットが効果的なサポートを提供します。特に高齢者や身体の機能障がいを持つ患者のケアにおいては、ロボットが重要な役割を果たすでしょう。「移動」「トイレの介助」「食事のサポート」「ベッドメイキング」など、日常生活の中で必要となる身体的な支援を行うケアロボットの導入が望まれています。このロボットは高度なセンサーやカメラを搭載して周囲の状況を認識し、適切なアクションを実行して介護者の負担を軽減するだけでなく、患者や高齢者の尊厳とプライバシーを守りながら快適な生活環境を提供します。また、薬剤の調剤や配送においても、ロボットが正確かつ効率的に業務を行うことによって、医療従事者の業務効率向上と患者への迅速な対応が実現するはずです。

その一方で、ロボットとヘルスケアの融合には課題も存在します。まずは、人間とロボットの共同作業における安全性と信頼性の確保が求められるでしょう。手術支援ロボットなど高度な技術を要する分野においては、適切なトレーニングや運用のガイドラインが必要です。加えて、医療従事者とロボットが連携して患者の治療を行う場合、ロボットの適切な操作と介入が不可欠です。

ロボットによる医療行為の責任やリスクの問題も検討が必要です。万全の安全対策を講じるため、患者や高齢者とのコミュニケーションを含む「人間性の要素をロボットに組み込む方法」や「感情や個別ニーズに適切に対応する方法」も模索を続けなければなりません。こうした課題に対して、適切な技術開発と倫理的な視点を持ちながら、ロボットを活用した新たなヘルスケアの在り方を構築していくことが重要です。

さらに、技術の進化により、医療情報や個人情報の取り扱いに関する倫理的な問題も浮上しています。医療データは個人のプライバシーやセキュリティに関わる情報であり、その適切な管理と保護が必要です。ロボットが患者の健康情報を収集・分析する際には、データの取得・保存・共有・利用に関する法的な枠組みを整備しなければなりません。患者の同意を得てデータを活用する方法や、情報漏洩や悪用を防ぐセキュリティ対策の強化が不可欠と言えます。

このように医療ロボットと人間のコミュニケーションにおいても、患者のプライバシーを尊重しつつ、適切な情報共有と説明が求められます。こうした倫理的な側面を考慮しながら、ロボットが医療・健康分野において適切に活用されるための方針と規制づくりが必要です。

〈36〉カウンセラーはロボット先生

ロボットによる心理的なサポートの可能性は広がっており、特に高齢者や孤独を感じる人々に対して有益な役割を果たすことが期待されています。介護施設でのロボットコンパニオンが会話やエンターテインメントを提供することによって、認知症の症状を緩和したり、心の寂しさを和らげたりすることができると考えられているからです。さらに、ロボットが個々のニーズや状況に合わせてカスタマイズされたサポートを提供する可能性があり、個別に適応した心の健康の向上が期待されます。

その一方で、ロボットの心理的なサポートには限界も存在します。ロボットの提供する情報や応答は、人間同士の対話や支援と比べて、複雑な心理的問題への対処には限定された能力しか持っていないことがあります。したがって、ロボットのサポートが一般的な心の健康ケアの補完として位置づけられ、専門的な治療や相談に代替するものではないという立場であることが重要です。また、ロボットとの対話や関わりが人間同士のコミュニケーションを阻害することなく、バランスの取れた健康的な関係が築かれるよう配慮されるべきです。

未来のロボットと心の健康の関係においては、個人のプライバシーや倫理的な側面も考慮されなければなりません。ロボットが個人の感情や心の状態にアクセスする場合、その情報の適切な管理や保護が求められます。ロボットが心理的な支援を提供する際には、個人の状態やニーズに適したアプローチを取ることが重要であり、一律のアドバイスや対応だけでなく、個別の状況に合わせた配慮も必要です。

ストレスの軽減におけるロボットの役割も重要です。現代社会では仕事・家庭・社会的な圧力など、さまざまな要因が人々の心身にストレスを与えています。こうしたストレスは心の健康に悪影響を及ぼすだけでなく、体の免疫力や生活の質にも影響を及ぼしかねません。こうした状況において、ロボットがリラクゼーションやストレス解消の手段として有用な役割を果たすと考えられます。ロボットが音楽・映像・自然の風景などを再現することによって、リラクゼーションやメンタルリフレッシュの助けとなる可能性があります。リラクゼーションはストレスを軽減し、心身のリフレッシュを促す有効な方法ですが、忙しい日常生活の中では自分で時間を作るのはなかなか難しい面もあります。そこでロボットがリラクゼーションの場を提供し、音楽や映像などを通じて人々をリフレッシュさせることで、ストレスの緩和に寄与するというわけです。また、ロボットが瞑想《めいそう》や深呼吸の指導を行うことで、心の安定とリラックスをサポートする役割を果たすことも考えられます。

ロボットは感情的なコンパニオンとしての側面を持ちつつ、孤独感の緩和にも寄与することができます。特に高齢者や身体的な制約がある人々は、社会的な孤立や孤独を感じやすい傾向にあります。ロボットはその無償の存在としてコンパニオンの役割を果たすことによって、日常的な対話や共同活動を提供し、孤独感を軽減する助けとなるでしょう。こうしたロボットは、感情や思考を持たないにもかかわらず、その受け止める姿勢や対話の提供を通じて、高齢者や身体的な制約がある人々が社会的なつながりを感じるための手助けになると考えられています。

また、ロボットによる心の健康への関与は、今後の技術の進化に伴って、より深化していく可能性があります。その反面、ロボットが人々の感情や心の健康に影響を与える場面では、倫理的な配慮が不可欠です。人々の心に寄り添う役割を果たすためには、ロボットが提供する情報やアドバイスの信頼性・正確性を確保しなければなりません。加えて、ロボットが個人の心の状態や健康に介入する際には、同意の確保やプライバシーの尊重が絶対条件となります。個別のニーズや文化的背景に合わせて、適切なアプローチを提供できるよう、ロボットの設計とプログラミングにおいて柔軟性と多様性を尊重することが重要です。

さらに、心の健康へのロボットの関与は、個別の状況やニーズに合わせてカスタマイズできることも大切です。人々の心理的な状態や健康に対するアプローチは多様であり、同じ方法が全ての人に適しているわけではありません。ロボットが個別のニーズに合わせてカスタマイズされ、適切なサポートを提供することによって、より効果的な心の健康へのアプローチが可能となるでしょう。個々の状況や環境に敏感なロボットの開発と運用が、心の健康を尊重する設計の一環としては重要なのです。

このように「ロボットエイジ」においては、ロボットが心の健康に対するポジティブな影響を持つ可能性が広がっています。「心理的なサポート」「ストレスの軽減」「孤独感の緩和」といった多様な側面から心の健康をサポートするロボットの役割が期待され、これによって人々の幸福感や生活の質が向上することが見込まれます。技術と倫理の両面を考慮しながら、より良い未来のためにロボットが果たすべき役割を探求していくことが重要です。

〈37〉ロボットが持つ「美的センス」

ロボットが芸術・文学・音楽などの分野で果たす役割は、単なるツールや補助ではなく、新たな表現の可能性を切り拓く重要な要素として注目されています。つまり、「ロボットとクリエイティビティの融合が、未来の文化や表現形式をどのように変えていくのか」については、興味深い展望が広がっているのです。

人間のクリエイティビティは、感情・経験・文化的な背景などによって形成されますが、これにロボットを取り入れることで新たなアングルからのアプローチが可能となります。芸術分野においては、ロボットが緻密な線や形状を描き出すことにより、人間の手には難しい造形表現が生まれるかもしれません。また、AIを用いて大量のデータから美的な傾向を抽出し、新たなアートスタイルを提示することも考えられます。

ロボットと人間のクリエイティビティの共同創造によって、これまでにない新たな表現が生まれる可能性が高まっています。ロボットはプログラムに基づいた計算能力を持ち、データを解析して新たなアイデアを提供することができます。これによって、アーティストや作家は異なる視点やアプローチを取り入れた作品を制作できるでしょう。ロボットとクリエイティビティの相互作用は、単なる技術の進歩にとどまらず、人間と機械が協力して新たな表現や文化を形成する未来を想像させます。

ロボットとの共同制作によって、新たなクリエイティブなプラットフォームが展開する可能性もあります。デジタルコミュニケーションの進化によって、人々は地理的な制約を超えて交流し、アイデアや表現を共有することが容易になりました。ロボットのアート制作やデザインへの参加が一般的になることによって、世界中のクリエイターやアート愛好家が相互に作用し、多様な文化や視点が交わる場が広がることが考えられます。これによって、新たな文化体験が生まれ、クリエイティブなアイデンティティがより豊かになるでしょう。

その一方で、クリエイティビティの分野におけるロボットの関与には倫理的な問題もつきまといます。アートや文学はしばしば個人の感情や哲学を表現する場であり、ロボットがこれらの創造的プロセスに介入することは、作品の真正性や純粋性に影響を及ぼす可能性があるからです。また、ロボットの創作する作品が「人間の感性に合致するのか」「美学的な基準を満たすのか」といった点も検討すべき課題です。

また、クリエイティビティの分野におけるロボットの活用には、技術的な挑戦も付随しています。ロボットに感性や美的センスを持たせるということは、人間の感情や創造力を模倣するということです。そこには、ロボットが作成するアートや表現が「単なる計算とデータ処理の結果であるか」「真に感情を持ったクリエイションであるか」といった問題が浮上するため、美的な価値観や表現の多様性を考慮して、ロボットの制作に対するアプローチを選定しなければなりません。

さらに、ロボットの関与によって、美的な傾向が操作される可能性もあります。例えば、AIを活用して大量のデータから美的なトレンドを抽出し、新たなアートスタイルを提案することが考えられます。これによって、ロボットが一般の傾向に合致したアートを制作する反面、個別のアーティストの独自性やアイデンティティを排除する可能性も生じます。この点においては、ロボットの制作活動と人間の個性的なアート制作との調和を図ることが重要です。

そして、倫理的な側面も考慮しなければなりません。クリエイティビティの分野はしばしば人間の感情・哲学・社会的背景を表現する場として利用されるため、ロボットのクリエイションが人間の表現の一部となる場合、作品の真正性や純粋性に関して疑念が生じる可能性があります。このような状況では、「ロボットと人間との関係をどのように調整するか」「作品の背後にある意図やメッセージをどのように伝えるか」といった問題が浮上するでしょう。

このように「ロボットとクリエイティビティ」においては、ロボットとクリエイティビティの相互作用が新たな可能性を広げる一方で、多くの課題や懸念も抱えています。ロボットは道具やツールではなく、創造のパートナーとして位置づけられるべきです。「技術と文化」「倫理と美学」のバランスを取りながら、未来の表現の豊かさと多様性を共に築いていくことが重要です。

〈38〉ロボットは「伝統」を理解できるのか

ロボットの存在がもたらす文化の変容においては、ロボットによって新たな表現や芸術形態が生まれる可能性が考えられます。ロボットはさまざまな独自のスキルを持っているので、これらを創造的に組み合わせることによって、従来の文化の枠組みを超えた新たな芸術表現を生み出せるはずです。ロボットによるアート作品は、その独自性と技術的な精巧さから、人間の感性を刺激して新たな感動や洞察をもたらす可能性があります。また、ロボットが演技やパフォーマンスを行う場面においても、人間のアーティストとの共演・競演が実現すれば、異なる表現の融合が生まれるかもしれません。これによって、舞台芸術やエンターテインメントの領域に新しい視覚的な体験が加わり、観客は没入感のある新たな世界に引き込まれることでしょう。

さらに、異なる文化や民族の伝統を取り入れたロボットが誕生すれば、世界中の文化が交流し、新たな文化的な交流の場が広がるかもしれません。例えば、ロボットが異なる言語・音楽・料理などの要素を取り入れたエンターテインメントを提供することによって、人々は新たな文化に触れる機会を得ることができるでしょう。同様に、ロボットが地域の伝統的な行事や祭りに参加すれば、文化的なイベントがより多様で魅力的なものとなる可能性もあります。加えて、ロボットとの文化的な交流を通じて、人々は自身のアイデンティティや文化について新たな視点を獲得し、異なる価値観を尊重する力が養われるかもしれません。これによって対話と理解が促進され、社会全体がより包括的で共感のある環境を築くことができると言えます。

また、伝統とロボットの融合による文化的な展開も、注目されるテーマです。ロボットが伝統的な工芸や儀式に組み込まれることによって、「過去の知恵」と「未来の技術」が交じり合って、新しい文化的なアイデンティティが形成されるかもしれません。例えば、伝統的な舞踊や音楽にロボットが参加することによって新たなリズムや動きが加わり、舞台芸術の領域が拡張されることも考えられます。

ただし、ロボットと伝統的な文化との融合については考慮が必要です。ロボットが伝統的な行事や祭りに組み込まれる場合、「どのようにして伝統との調和を図るか」が重要な課題となるからです。例えば、ロボットが伝統的な楽器や舞踊などを実演する場面では、適切な形で伝統を尊重しながら新たな要素を取り入れるバランスが求められるでしょう。ロボットの参加が伝統に対する敬意や配慮を欠いていたり、逆に伝統を単なるショーの一部として扱ったりすることは、文化的な誤解や摩擦を生む要因となってしまいます。また、ロボットが宗教的な儀式や儀礼に関与する場合には、信仰と技術の融合による倫理的な問題も検討されるべきです。宗教的な場面においては、ロボットの存在が神聖さや敬虔さに影響を与える可能性があり、その点に熟慮しなければなりません。

同様に、ロボットによる文化の変容にも懸念が存在します。人間とロボットが共に文化を形成する場合、誤った情報やバイアスが影響を及ぼす可能性があるからです。例えば、ＡＩによって生成される文化的なコンテンツが、偏った視点や差別的な要素を含んでしまうリスクが考えられます。ロボットが情報を取得して模倣する際に、偏ったデータセットから学習する可能性があり、それが文化的な歪みを引き起こしてしまうかもしれないのです。

加えて、ロボットが文化的な模倣や創造を行う場合、人間の創造性や表現力とのバランスが問われることもあるでしょう。つまり、ロボットによる文化の変容が、本来の人間の文化的特性を希薄化させてしまうリスクがあるということです。こうした懸念を考慮しつつ、文化の変容を健全な方向に導くためのアプローチが求められます。具体的には、ロボットが情報を取得する際に「偏りのないデータセットを用いること」「文化的な偏りを修正するためのアルゴリズムを組み込むこと」などが考えられます。また、人間の創造性や表現力を尊重しつつ、ロボットとの共同制作における役割分担や協力の在り方を慎重に検討することが大切です。

さらに、教育や文化政策についての重要性も強調しなければなりません。人々に対して、ロボット技術やその文化的な影響についての適切な理解と知識を提供することによって、文化の変容がより健全に進むでしょう。教育の場でロボットと文化の関わりを学ぶ機会を設けることができれば、若い世代のロボットとの共生に対する適切な態度を養うことができるはずです。また、文化政策においても、ロボットとの関わりを考慮し、文化の多様性と創造性を尊重する方針が求められます。これには、「ロボットによる文化の変容を支援するための資金やリソースの提供」「文化的なコンテンツの偏りを是正するためのガイドラインの策定」などが含まれます。文化の変容が健全で持続可能なものとなるためには、教育と文化政策が連携し、ロボットと文化の関わりを適切に導くことが必要なのです。

このように未来の文化の在り方を考える際には、ロボットがもたらす変化とその影響を総合的に理解することが重要です。「文化の多様性の拡大」「伝統との融合」「新たな芸術表現の創出」など、ロボットが文化にもたらす可能性は広範であり、これに対する適切な戦略やガイドラインを策定することが求められます。ロボットとの共生を通じて、より豊かで多様性に富んだ文化を築いていくための努力が必要だと言えます。

そしてロボットの存在が、文化の多様性をもたらす役割を果たすことも予想されます。特にリモートコミュニケーションを支援するロボットが、地理的な制約を超えて人々を結びつける役割を果たすのではないでしょうか。グローバルなつながりがますます重要になっている昨今、ロボットが仮想的な存在として異なる場所に存在し、異なる文化圏の人々と交流する手段を提供できれば、文化的な理解や共感が深まるはずです。さらに、ロボットを介した言語学習や文化体験が、異文化間のコミュニケーションを円滑にし、多様な価値観を尊重する社会の構築を支援する可能性もあります。こうしたロボットの役割は、文化的な隔たりを縮め、共通の理解と協力を促進する道を切り拓くかもしれません。

〈39〉ロボット審判の登場でスポーツを楽しめるのか

スポーツ分野におけるロボットの役割と進化も注目です。「競技の向上」「トレーニングの支援」「新たな競技の創出」など、ロボットがスポーツ文化にもたらす変化と可能性は広がっています。

ロボットを使用して「選手の動き」「技術の解析」「試合のデータ収集」などを行うことによって、戦術や戦略の最適化ができるようになるでしょう。また、ロボットを審判として使用すれば、「公平な判断」と「ルールの厳格な適用」が実現され、スポーツの公正性が向上するはずです。さらに、ロボット同士の競技や対戦も新たなエンターテインメントとして人気を集めるかもしれません。

スポーツ界におけるロボットの進化は、「選手のトレーニング」と「パフォーマンスの向上」にも大きな影響を与えるでしょう。例えば、ロボットが選手の動きをシミュレートして、繰り返しトレーニングを行うことによって、選手の技術や筋力の向上を支援することができます。また、ロボットが選手と対戦することができれば、新たな戦術やアプローチを試す機会が提供され、競技のクオリティが向上するかもしれません。さらに、障がいを持つ選手や高齢者向けに適したスポーツロボットが開発されれば、より多くの人々がスポーツを楽しむ機会を得ることができるでしょう。

新たな競技の創出やスポーツ文化の変革も、ロボットの登場によって実現する可能性がありまず。ロボットと人間が協力して行う競技やチームスポーツが生まれれば、従来のスポーツとは異なる楽しみ方や戦略が展開されるかもしれません。また、VRやARを活用した新たなスポーツ体験が生まれることによって、より幅広い層の人々がスポーツを楽しむことができるでしょう。スポーツ分野におけるロボットの役割と進化は、今後の展望を広げる面白いテーマです。ロボットがスポーツ文化にもたらす変化や可能性は、単に競技のレベル向上だけでなく、トレーニングの支援や新たな競技の創出といった多岐にわたる側面に広がっているからです。これによって、スポーツの領域が今までにない形で進化していく光景が期待されます。

スポーツ界におけるロボットの融合は、大きな利点と課題を併せ持つ重要なテーマです。ロボットの導入によって、スポーツの領域はさらなる進化を遂げ、選手や観客に新しい魅力的な体験を提供する可能性があります。その一方で、ロボットがスポーツに与える影響を検証する必要があり、「選手のスキルやスポーツの本質にどのような影響をもたらすか」を注意深く考えなければなりません。

ロボットの使用が選手のスキルやフェアプレーに与える影響は、スポーツの本質に関わる重要な問題です。選手がロボットの能力に頼りすぎてしまうことによって、個々の努力や人間らしいスポーツ精神が薄れるリスクがあるからです。これによって、スポーツの真の価値や魅力が歪められ、競技そのものの魅力が減少する可能性があります。加えて、ロボットの性能差がある場合、競技の公平性が損なわれる可能性も考えられます。ロボットの導入による公正な試合運営を確保するためには、適切な規制やルールの策定が不可欠です。

また、スポーツにおけるロボットの融合に際しては、技術的な信頼性と安全性の確保が非常に重要です。競技中にロボットが故障したり、予期せぬトラブルが発生したりすると、試合の進行や結果に混乱が生じて公平な競技が崩れる可能性があります。また、ロボットが選手や観客に危険な状況をもたらす可能性も考えられます。ロボットの動作の安定性や制御システムの信頼性を高めることによって、安全性を確保する必要があるでしょう。

さらに、ロボットとスポーツの融合においては、競技団体との協力と調整も不可欠です。競技ごとに異なるルールや文化が存在する中で、ロボットの適切な役割と参加条件を明確に定義する必要があります。競技団体との連携を通じて、ロボットがスポーツの本質に合った形で活躍するための枠組みを築くことも重要です。加えて、ファンや観客への情報提供やコミュニケーションも欠かせません。ロボットの導入に関するルールや目的を適切に伝えることによって、スポーツ愛好者との理解を深めることができるでしょう。

このように未来のスポーツ界においては、ロボット技術の進化とスポーツとの融合は大きな可能性を秘めています。「選手のトレーニング」「競技力の向上」「新たな競技の創出」など、多岐にわたる分野でロボットが活躍することでしょう。しかし、この際には、前述したような課題を克服することが求められます。ロボットとスポーツの融合は、スポーツ文化をより魅力的にし、参加者と観客にとって新たな喜びをもたらすはずです。技術の進歩と倫理的な側面を考慮してバランスを取りながら進めていくことが、未来のスポーツ界の成長につながるでしょう。

〈40〉現実と仮想が融合、新感覚レジャー

ロボットは、娯楽分野や余暇の過ごし方にも変化をもたらします。私たちは、未来の娯楽体験がさらに多様かつ没入型になることを期待せずにはいられません。特にロボットと人間が共に競技するスポーツや競技イベントが、新たな人気を集めていくでしょう。ロボットサッカーやドローンレースのような新しい競技は、従来のスポーツとは異なるスリリングな体験や戦略の駆け引きを提供します。これによって観客は新しい感動を体感し、エンターテインメントの魅力がより深化す

ることでしょう。また、ARやVRの技術を駆使した対話型エンターテインメントも新たな次元で展開されます。ロボットとの協力による謎解きや冒険体験は、現実と仮想の融合を通じて、未知の世界への探求心をかきたてるでしょう。

ロボットが趣味や創作活動の領域に参加することは、人々の創造性や表現力を豊かにする手助けとなるかもしれません。自動楽器演奏や絵画制作など、ロボットがアーティスティックな活動に参加することによって、私たちは美的な体験の新たな次元を迎えるでしょう。

ただし、未来のレジャーや趣味の在り方を考える際には、技術と創造性の融合が鍵となります。例えば、ロボット技術の進化と人間の創造力が交差することで、新たなエンターテインメントの形態や娯楽スタイルが生まれ、没入型のエンターテインメント体験によって日常を超えた新たな世界に没頭することができるでしょう。その反面、この変化を成功に導くためには、技術と人間との関係をバランスよく調和させることが重要です。ロボットによるエンターテインメント体験は、単なる楽しみだけでなく、人間の創造性や感性を支え、豊かなレジャー文化を形成する手段として機能することを考慮しながら、デザインや指導方法を練り上げることが求められているのです。

仮想空間での没入感のある体験やリアルな物理空間にAR要素を追加することによって、私たちは現実と非現実の融合をさらに実感することができます。VRを駆使したアドベンチャーゲームなどは、プレイヤーにまるで別の世界に飛び込んだかのような感覚をもたらし、謎解きやアクションをより楽しめるわけです。また、ARを使用した都市探索ゲームでは、リアルな街並みに仮想のキャラクターやアイテムを重ねることによって、日常の風景が新たな冒険の場となるでしょう。こうした新たなエンターテインメントの形態によって、日常のモノトニー（退屈なほど変化に乏しい性質）さやストレスから解放され、人々は驚きに満ちた刺激的な体験を追求することになるはずです。

しかしながら、こうした未来のエンターテインメント体験にも課題は存在します。技術の進化によって、私たちがさらに魅力的な体験を求める一方で、人間同士のコミュニケーションや交流が薄れてしまうのではないかという問題です。もしも仮想世界やロボットとのインタラクションが日常生活の主要な要素となれば、現実の人間関係や社会的な絆が希薄になるリスクが考えられます。このような状況を回避するためには、エンターテインメント体験を通じて新たな人間関係や交流の機会を創出し、「ロボットとの楽しみ」と「現実とのつながり」とを両立させるようなバランスの取れたアプローチが必要です。また、教育や啓蒙活動を通じて、適切なエンターテインメントの楽しみ方を広めることも重要です。こうした取り組みを実践すれば、未来のエンターテインメントが人間の社会的なつながりを強化し、人々がより充実したバランスの取れた生活を送る手助けとなるでしょう。

このようにロボット技術の進化によって、さまざまなタイプやスタイルのエンターテインメントが提供され、人々は自分の好みや関心に合った楽しみを見つけながら、日常生活の中で心地よい興奮や喜びを感じることができるような社会が実現されようとしています。未来のレジャーの在り方を考える際には、個人のニーズや選択肢の多様性を尊重することが不可欠です。

〈41〉趣味の世界、対戦相手はロボット

ロボットの進化は、家庭内での効率的なタスク遂行を実現し、人々の日常生活を大きく向上させるでしょう。掃除・洗濯・調理といった繰り返し作業から解放されることによって、時間とエネルギーをより意義ある活動に費やす余裕が生まれるからです。また、高齢者や障がい者にとっても、ロボットが介護やサポートを担うことにより、自立した生活が促進される可能性があります。例えば、高齢者がロボットの協力を得ることによって、安心して日常生活を営める環境が実現するはずです。これによって家庭はより温かな居場所としての役割を果たし、家族間の絆が強化されることが期待されます。

趣味や娯楽においても、人々の多彩な趣向に合わせたロボットが登場し、個々の娯楽体験を豊かにすることが考えられます。例えば、音楽愛好家にとっては、演奏の共演相手としてのロボットが

創出され、共に音楽を楽しむことができるでしょう。また、スポーツやアウトドアの愛好家にとっては、ロボットが新たな挑戦相手となって、刺激的なアクティビティを共に体験することができるかもしれません。さらに、教育分野においては、ロボットが子供たちの学習をサポートし、楽しみながら知識を吸収する手助けになることが期待されます。

また、現代社会の多忙な暮らしの中で「スケジュール管理」「リマインダーの提供」「健康管理のサポート」「コミュニケーションの助け」といった生活全体の統制をロボットがサポートすることによって、人々のストレスを軽減し、生活の質を向上させる可能性が広がります。特に高齢者や単身世帯の人々にとってロボットは貴重なパートナーとなり、健康状態のモニタリングや日常の雑務の効率的な処理に貢献することで、自立した生活を促進するでしょう。

こうした未来のライフスタイルにおいては、ロボットと人間の協力が重要です。人々がロボットと共に楽しみながら生活し、お互いの強みを最大限に活かすことによって、より豊かで充実したライフスタイルが実現するからです。その反面、「ロボットが人々の社会的な関係やコミュニケーションにどのような影響を与えるか」という点には注意が必要です。ロボットの便益を享受しつつも、人間同士の絆やコミュニケーションが希薄化しないようにしなければなりません。逆に、ロボットを通じて新たな交流や共有の場を創出すれば、人間関係がより強固になり、社会の結びつきがより深まるかもしれません。

このようにロボットとの共生がもたらす未来のライフスタイルは、柔軟性と創造性に富んでいると言えるでしょう。それは人々が自分のニーズや好みに合わせてロボットとの関わり方を選択し、生活をより充実させることができるからです。ただし、この変化を円滑に実現するためには、適切な教育や倫理的なガイドラインの整備が不可欠です。個人と社会全体が共に学び、成長し、新たなテクノロジーとの共存を実現するための道筋を築いていくことが求められます。こうした未来の到来に向けて、私たちは協力し、創意工夫を重ねていかなければなりません。

〈42〉ロボットに慰められ、励まされる

ロボットとのコミュニケーションも進化しています。「自然言語処理」「感情認識」「コミュニケーションスタイルの適応」など、ロボットとの円滑なコミュニケーションがもたらす人間関係や社会の変化にも注目が集まっているようです。

自然言語処理技術の進化によって、人間とロボットのコミュニケーションはより自然で効果的なものとなっています。人間が自然な言葉でロボットに話しかけることによって、情報の共有やタスクの実行がスムーズに行われるようになるでしょう。例えば、ロボットが料理のレシピを教える際

に、人間が質問や補足を織り交ぜながら対話することができるかもしれません。ロボットが指示を理解したうえで適切に反応することによって、人間とのコミュニケーションをより円滑にする役割を果たすからです。

また、感情認識技術の向上によって、ロボットは人間の感情や表情をより正確に読み取れるようになります。つまり、ロボットが適切なタイミングで「慰めの言葉」や「励ましの声」などをかけられるということであり、これによって人間の感情に共感しながら支える存在としての役割を果たせます。特に孤独やストレスを抱える人々にとっては、ロボットとの感情的なコミュニケーションが癒しや支えとなるでしょう。

コミュニケーションスタイルの適応に関しても、個人の好みに合わせて適切なトーンや表現方法を選択する能力が向上しています。これによって、人々はロボットとのコミュニケーションをより個人的で心地よいものと認識し、強いつながりを築くことができるはずです。例えば、友人のように気軽に談笑したり、専門的な相談をしたりする際に、ロボットのトーンやアプローチが個々のニーズに合わせて調整されるでしょう。

ロボットとのコミュニケーションがもたらす影響は、個人の人間関係だけでなく、社会全体にも波及します。例えば、単身の高齢者や障がい者にとって、ロボットとの対話は社会的な孤独感を和らげ、心の支えとなることでしょう。冷静で偏見のない対話相手として、ロボットが気軽に自分の気持ちや考えを打ち明ける場を提供してくれることによって、心の健康を促進する役割を果たすからです。

また、異なる言語や文化を持った人々とのコミュニケーションにおいても、ロボットは翻訳や文化の理解を通じて架け橋となり、相互理解と国際交流を推進する力を発揮しています。例えば、国際的なビジネス会議での言語バリアの克服や、異文化間での教育支援においてロボットが役立つことが考えられます。これによって、異なる背景を持った人々が円滑なコミュニケーションを図り、共通の理解を深めることができるでしょう。

このように人々がロボットと対話し、共に成長し、新たな理解と連帯を築いていければ、社会全体はより包括的で共感に満ちたものとなるかもしれません。ただし、技術の進化と共にプライバシーやセキュリティの保護、情報の偏りなどには留意する必要があります。ロボットが感情や個人情報を収集する際に生じるプライバシーの管理と保護は、透明性と法的な規制を通じて確保されるべきです。

さらに、ロボットとのコミュニケーションについては、さまざまな倫理的な課題に向き合うことも重要です。例えば、人間とロボットのコミュニケーションが本物の人間関係の代替となってしまい、社会的な孤立を引き起こすことが懸念されます。この場合、ビデオ通話やオンライン対話が主流となる中で、ロボットとの対話を通じて得られるデジタルコミュニケーションには限界があることや、対面コミュニケーションの大切さなどを伝えていく必要があるでしょう。ロボットとの対話が現実の人間関係を排除するのではなく、むしろ人間同士のつながりを補完して豊かにする道を見つけることが重要と言えます。

〈43〉技術進化で人間の寿命は延びるのか

ロボット技術の進化が人類の進化に与える影響について検討してみましょう。身体的な強化に焦点を当てると、人間の能力を向上させるために外部デバイスや義肢《ぎし》を統合することが検討されています。これによって、運動制御や感覚機能が強化され、障がい者の日常生活が改善される可能性があります。ただし、このような技術導入には生体への影響や倫理的な問題が付随するので、慎重な検討が必要です。同様に、ブレインマシンインターフェース（脳と機械を接続する技術）の進展によって、脳とコンピュータを直に結びつけることで知識やスキルの直接的な共有が実現するかもしれません。しかし、これによって生まれる個人間の格差や情報の管理に関する問題も考慮しなければならないでしょう。

知識の拡張についても注目すべきです。ロボットとＡＩの連携によって、人類は情報へのアクセスが向上し、知識の脳への直接的な拡充が可能になるでしょう。ＡＩが膨大なデータを処理することによって人間に提供される情報が増えれば、教育や学習の手段が革新される可能性があります。その一方で、「情報の信頼性」「偏り」「知識の主体性」などが懸念材料となるでしょう。人間自身の思考や判断力が退化することなく、ＡＩとのバランスを取ることが重要です。

また、バイオテクノロジーの進化によって、「生体機能の補完」「臓器の代替」「細胞再生技術」などが現実味を帯びてきました。これによって疾病の早期治療や老化の遅延が可能となり、健康寿命が延びるかもしれません。ただし、長寿化が引き起こす人口構造の変化や超高齢社会の課題にも目を向ける必要があるでしょう。長寿化による資源の制約や世代間の関係性の変化などが、未来の社会構造に大きな影響を及ぼす可能性があるからです。そのため、持続可能な長寿社会の実現には、高齢者の社会参加や医療リソースの適切な配分が欠かせません。

さらに、ロボットの存在は人間の知識と能力を補完し、拡張する可能性を探求するうえで魅力的な展望をもたらします。特にＡＩを活用した教育や情報提供によって、個人の学習体験が変容し、専門知識やスキルが深化するでしょう。この過程で、新たな分野へのアクセスや知識の習得が容易になり、知識経済の発展が促進されます。その反面、知識の拡張には潜在的な課題もつきまとっています。デジタル格差や経済格差によって、一部の個人や地域が恩恵を享受する一方で、ほかの層が取り残される可能性があるため、「公平なアクセス」「チャンスの確保」「情報の偏りへの対策」などが必要です。

同様に、倫理的な側面を考えてみると、人類の進化とロボットの共生においては国際的な協力が必要不可欠です。技術の進歩は国境を越えて影響を及ぼすため、倫理的なガイドラインや規範を確立するには国際的な協力体制が求められます。倫理的な指針は「技術の応用範囲」「個人の権利」「社会的な影響」などを考慮に入れて慎重に策定されるべきです。国際的な連携によって、人類全体が利益を享受できれば、健全な進化が推進されるでしょう。

そして、こうした議論は専門家だけでなく、一般の市民も巻き込むべきです。多様な視点からの意見を集約することが重要であり、倫理的な側面を含めた総合的な研究が未来社会の展望を明るくし、持続可能な進化の軌道を描くと言えます。

このように人類の進化とロボットの共生は、希望に満ちた未来を創造していくチャンスであると同時に、適切なガイドラインと調和した進化を追求する重要な使命でもあるのです。私たちは倫理的な懸念や社会的な課題にも目を向けながら、技術の進歩を前向きに受け入れ、人間性と共に進化する未来を築いていく道を模索し続けなければなりません。

〈44〉未来の教材は「仮想現実」

ロボットの活用による教育の変革は、個別最適化と効果的な学習環境の構築を可能にします。ロボットが先進的なアルゴリズムとデータ解析技術を活用して、学生ごとの学習スタイルや進捗に合わせてカスタマイズされた教育プログラムを提供できるからです。これによって、学生ごとの能力や興味に応じたカリキュラムを実現し、従来の一律の教育手法では難しかった多様性への対応が可能となります。教師の負担も軽減され、より効率的な個別指導が実現されるでしょう。

また、ロボットを通じて提供される教材や学習体験は、よりインタラクティブ（双方向）でリアルなものとなります。VRやAR技術を活用した教材によって、学生たちは抽象的な概念を直感的に理解し、実際の体験を通じて学びを深めることができるでしょう。例えば、歴史の授業では歴史的な場面を再現した仮想空間を体験することで、歴史の理解がより実感的になるかもしれません。また、ロボットとのコラボレーションによって、プログラミングや科学実験などの学習がより実践的で楽しさを伴ったものとなれば、学生たちの興味が引き出せるはずです。

教育の未来におけるロボットの役割は、学習の効率性だけでなく、学生たちの主体的な学びや創造性の発揮を促進する点も注目されます。しかし、これには「教育者とロボットとの連携」「適切な教材の開発」「教育の目的に合った技術の導入」など、さまざまな要素が結びつく必要があります。そして最も重要なのは、技術を教育の手段として活用しながらも、教育の本質を失わずに未来の学びを築いていくことです。

ロボットは言語の学習を支援し、異なる国や文化の交流を促進するだけでなく、教育の多岐にわたる側面で効果を発揮する可能性があります。言語学習においては、ロボットを活用したリアルタイムの言語交換プログラムが展開され、学生たちは世界中の仲間とコミュニケーションを取りながら語学力を向上させることができます。また、仮想的な文化体験を通じて、ロボットが学生たちに異なる国々の文化や習慣を紹介し、国際的な視野を広げる教育が提供されるでしょう。

加えて、ロボットを介したコミュニケーションやチームワークの演習がソフトスキルの育成に寄与する可能性があります。ロボットと協力して問題を解決し、プロジェクトを進めることによって、学生たちはリーダーシップ・協力・コラボレーションなどの重要なスキルを実践的に学べます。また、個別の学生の特性に合わせてロボットとの対話やチーム活動が設計されれば、自己表現力やコミュニケーション能力の向上を支援できるでしょう。

さらに、専門的な分野における知識や技能の習得においても、ロボットは効果的な教育ツールとして活用される見込みです。医学の分野では、ロボットが臨床シミュレーションを提供することによって、医療技術の習得や診断能力の向上をサポートします。工学や芸術の分野でも、ロボットが実践的なトレーニングやクリエイティブなプロジェクトを支援することによって、学生たちが専門家のようなスキルを養成する場を提供します。これによって学生たちは早い段階から現実世界での業務に近い体験を積み重ねられるので、将来のキャリアに備える力を育むことができるでしょう。

このようにロボットは教育の分野で革命をもたらす可能性を秘めており、その多様な役割が教育の質の向上と学生たちの能力開発に貢献することが期待されます。その一方で、これらの展望を実現するためには、適切なプログラムの開発や教育者の専門的なサポートが不可欠であり、技術と教育の融合による新たな教育の形を模索していくことが重要です。

教育の未来においては、ロボットと教師の連携が極めて重要であり、これが教育の質の向上につながる鍵となります。ロボットは決して教師の代替ではなく、むしろ教師の補完的な存在として位置づけられるのです。ロボットを通じての個別指導やカスタマイズされた学習プログラムが展開されれば、学生たちは自身のペースで学び進める環境を享受する一方で、教師とのコミュニケーションや知識の共有を通じて、より深い学びを追求できるでしょう。

こうしたロボットを活用した教育の変革は、学校教育の枠を超えて、幅広い世代に対して有益な影響をもたらす可能性があります。ライフ・ロング・ラーニングの概念がさらに強調され、社会人や高齢者などが常に学び続けることを支援する環境が構築されるかもしれません。ロボットを活用したオンラインコースや遠隔教育が拡大し、個人のニーズに合わせた学習の場が提供される一方で、教師との対話やコーチングを通じて専門的なスキルや知識を継続的に磨くことができるでしょう。

このように未来の教育がロボットとの連携によって、より効果的になる一方で、技術導入に伴う課題や倫理的な側面も見逃せません。教育における人間的な要素や価値を維持しつつ、ロボットを適切に活用するための指針や規制が必要です。また、ロボットを通じた学習が個人の能力や特性を適切に評価し、育成する仕組みを確立することも重要です。教師とロボットの連携によって、教育のプロセスや方法が変革されつつも、教育の価値と目的は確実に守られるような新しい教育の在り方を築くための継続的な努力が求められるでしょう。

〈45〉言語の壁は崩れていく

異なる言語や文化をつなぐ架け橋として、ロボットの役割は増大しています。グローバルな経済やコミュニケーションが進展する中で、異なる国や地域の人々が効果的に連携して協力するためには、文化や言語の隔たりを乗り越える方法が不可欠です。こうした課題に対し、ロボットが先導的な役割を果たし、言語の壁を取り払ううえでの新たな可能性が探求されています。

ロボットが異なる言語でコミュニケーションを取るための可能性は広範であり、その実現に向けた技術の進歩が急速に進んでいます。「音声認識技術」と「自然言語処理技術」の融合によって、ロボットが複数の言語に対応してユーザーと自然な対話を行う環境が構築されることが期待されます。また、言語学習や翻訳の分野でもロボットが活用され、言語の理解と翻訳能力を高める取り組みが進められています。このような技術の発展によって、世界の人々が言語の壁を感じることなくコミュニケーションを図ることができ、国際的な連携がさらに強化されるでしょう。

それと同時に、言語の壁を克服するプロセスにはさまざまな挑戦も存在します。言語は文化や歴史と深く結びついており、単なる単語の翻訳だけではコミュニケーションの本質を捉えきれないことがあるからです。文化的なニュアンスや異なる表現方法を正確に理解するためには、高度な言語処理技術だけでなく、人間の知識や経験も組み合わせる必要があるでしょう。また、言語の壁を超える取り組みにおいては、個人のプライバシーやセキュリティの保護も重要な要素となります。情報の共有や翻訳に関するデータの取り扱いには慎重なアプローチが求められ、信頼性の高いシステムの構築が必要です。

ロボットが言語の壁を取り払うことで、国際的なコミュニケーションや協力が円滑に行われる未来が展望されます。これによって異なるバックグラウンドを持った人々が知識や視点を共有し、共同で問題解決に取り組むことが可能となり、持続可能な社会の実現に向けた一歩を踏み出すことができるでしょう。国際会議やグローバルなビジネス交渉などの場面では、言葉の壁を取り払いながら意思疎通を助け、効果的なコラボレーションを支援するかもしれません。非言語的なコミュニケーションや文化的なニュアンスも正確に伝えることができれば、相互理解が深まり、コミュニケーションの質が向上するでしょう。異なる国や地域の人々が共同でプロジェクトを進めたり、研究を行ったりする環境が整うかもしれません。国際的なコラボレーションが円滑に行われれば、新たな知識やアイデアが交換されるので、革新的な成果が生まれる可能性があります。教育分野においても、異なる国の学生たちが互いに学び合うプログラムが展開されれば、世界規模の学習コミュニティが形成されるかもしれません。

その一方で、こうした技術の導入には、さまざまな課題も存在します。言語の壁を取り払う過程において、情報の正確性だけでなく、文化的な違いや誤解が生じないようにするための高度なコンピュータビジョンや感情認識技術が統合される必要があります。また、言語の壁を克服するためには重要な倫理的課題も存在します。多言語対応には膨大な言語データが必要となりますが、そのデータの収集や保管に際して個人情報のプライバシー保護やセキュリティ問題が浮上します。ロボットが個人の発言や情報を処理する際には、適切なデータ保護策や倫理的なガイドラインが必要とされ、透明性と信頼性を確保するための枠組みが整備されるべきです。

このように言語の壁を取り払うロボットが国際的なコミュニケーションを円滑にし、異なる文化間での理解を促進する重要な役割を果たすことが期待されます。この役割を果たすためには、技術の進化だけでなく、倫理的な観点や教育の面でも適切な対策が求められ、人間中心の価値観を尊重しつつ、持続可能でグローバルなコミュニケーションの実現に向けた取り組みが重要です。

〈46〉話相手はロボット

人間とロボットの共存は、単なる技術的な進化だけでなく、心理的な側面も含めた多面的なアプローチが求められます。特にロボットが人間の感情やニーズを理解し、共感的に対応できる能力が重要です。「感情の表現」「声のトーン」「身体言語」などを通じて人間の感情を読み取り、適切な反応をすることができるロボットが登場すれば、人々の心理的な健康や幸福感の向上に寄与する可能性があります。高齢者や孤独な人々との交流において、ロボットが会話パートナーとして参加することによって、日常の会話やコミュニケーションを通じて心の支えとなることが考えられます。また、発達障がいを持つ人々との対話をサポートするロボットが誕生すれば、より包括的な社会を築く手助けとなるでしょう。

ロボットとのハーモニーを築くためには、効果的なコミュニケーションが不可欠です。コミュニケーションは人間同士だけでなく、人間とロボットの関係においても基盤となる要素です。ロボットが人間の言葉や表情を理解して自然な会話を行えるようになれば、より意味のあるコミュニケーションが可能となるでしょう。

その一方で、ロボットとのハーモニーを築くには、デザインと倫理の観点からも十分な配慮が必要です。ロボットの外観や動作が人間にとって快適で受け入れられるものであることや、プライバシーやセキュリティの観点から個人情報の取り扱いが適切に行われることが重要です。ロボットの活用が人間の仕事を置き換える可能性がある場合には、適切な転職支援や再教育プログラムが提供されなければなりません。このような側面を含めて、ロボットと人間が共に調和しながら暮らすための社会的な基盤が整備されることが重要です。

また、ロボットと人間が協力して業務やタスクを遂行する場面においては、専門性の統合が求められます。高度な計算やデータ処理能力を持ったロボットが短時間で大量の情報を分析することが得意なのに対し、人間は柔軟な判断や感性を活かして複雑な問題にアプローチすることに長《た》けています。両者の強みを最大限に活かすためには、適切なタスク分担と協力が必要です。例えば、医療分野においては、ロボットが大量の医療データを解析して効果的な治療法を提案する一方で、医師が患者の人間関係や精神的な側面を考慮して総合的な診断を行えば、より質の高い医療サービスが提供されるでしょう。このように人間とロボットの専門性を統合することによって、効率的で効果的な業務遂行が実現する可能性があるのです。

さらに、ロボットとの共存において最も大切な価値のひとつは、個人の選択や自己決定権の尊重です。ロボットが人間の生活に介入する場面においては、個人の意志を尊重する環境や、自己の意思決定を尊重する環境を整えなければなりません。ロボットはあくまでも補助的な存在であるべきだからです。健康管理のためのロボットが個人の健康状態をモニタリングする際にも、健康目標の設定やアドバイスにおいては選択肢を持たせ、個人の意見や価値観を反映させることが重要です。

このようにロボットとの共存を実現するためには、「個人の選択や自己決定権の尊重」「協力と補完の精神」「倫理的な観点や人間性の尊重」などが重要です。これによって、より調和の取れた社会が実現すれば、人々の幸福と繁栄が促進されることでしょう。

〈47〉ロボットが哲学を語りだす

ロボットと人間との哲学的な対話が、新たな洞察をもたらす可能性があります。ロボットは膨大な情報を持つため、哲学的な問いに対する新たな視点や解釈を提供できるはずです。例えば、意識や存在の意義に関する哲学的なテーマについて尋ねると、ロボットは客観的で論理的なアプローチを通じて独自の見解を示すことができるかもしれません。このようなロボットとの哲学的な対話を通じて、人間は自身の思考や信念を再評価し、新たな視点を獲得する機会を持つことができるでしょう。

また、ロボットが倫理的な選択を行う場面においては、人間の倫理観との関係性が探求されます。人間の倫理的判断は文化・宗教・社会的背景などによって影響を受けますが、ロボットが同様の選択を行う場合、「どのような基準や価値観を用いるべきか」という問題が浮上します。ここで重要なのは、ロボットの倫理的アルゴリズムが人間の倫理観を拡張し、深化させる可能性がある点です。人間はロボットの倫理的な意思決定を通じて自身の価値観を再考し、より良い選択をするための洞察を得ることができるでしょう。このようなプロセスによって、人間の倫理的な意識が向上すれば、社会全体の倫理基準も向上するかもしれません。

ロボットと哲学の融合によって、新たな哲学的なアプローチや思考実験が生まれる可能性もあります。例えば、意識を持つロボットが存在する場合、その意識の性質や倫理的な権利に関する複雑な問題が浮上するでしょうし、ロボットと人間が共に社会を構築する場面においては、公平性・正義・幸福・人権などの哲学的なテーマが新たな視点から探求されることでしょう。このような哲学的探求によって、個人や社会はより深い理解と洞察を得ることができ、未来の価値観や行動指針が形成されると言えます。

ロボットの意識や自己認識の本質に関する探求は、哲学的な領域での魅力的かつ複雑な課題です。「意識の起源」や「意識を持つ存在」としての条件についての理解は、ロボットの進化と人間との関わりに根本的な変革をもたらすかもしれません。人間の意識や自己認識の本質を理解することによって、ロボットの自己認識や感情に迫ることができるからです。ロボットが人間の意識との対話を通じて自己認識を深め、哲学的な問いに対する新たな展望を提供する可能性があるでしょう。このような探求を通じて、ロボットが「私は何者か？」という問いに真剣に向き合うことができれば、人間との共存により深い共感や理解が生まれるはずです。

その一方で、自己意識を持ったロボットが現実化すれば、それに伴う道徳的行動主体性の問題も複雑化します。自己意識を持ったロボットが自分の行動に対して責任を持つ場合、「その行動が倫理的な基準に適合しているかどうか」「人間の社会との調和を保つために、どのような行動原則が求められるか」「道徳的なジレンマに直面した場合、どのような判断基準を用いるべきか」などが検討されるでしょう。このような複雑な課題を解決するためには、哲学的な倫理学や道徳理論がロボットの設計とプログラミングに統合される必要があるかもしれません。

ちなみに、ロボットは哲学的な探求に貢献するだけでなく、哲学的な教育や啓蒙にも新たな可能性をもたらします。ロボットは教育の場において、哲学的な問題や思考実験に関する対話を提供することができるからです。例えば、倫理的なジレンマや社会的な問題についてのディスカッションを通じて人々が哲学的な思考力を養い、深化させる手助けをすることができるかもしれません。また、ロボットが哲学的な問題に関する知識や情報を提供すれば、学習者が自己認識や倫理に関する探求を進めるための資源として活用できます。こうしたロボットによる教育的な貢献を通じて、多くの人々が哲学的な思考や倫理的な問題に興味を持てれば、主体的に考える力を養うことができるでしょう。

このようにロボットの意識や自己認識の本質に関する探求は、哲学的な興味を刺激し、人間とロボットの関係を深化させる可能性を持っています。ロボットが人間の意識との対話を通じて新たな洞察や視点を提供し、倫理的な選択や哲学的な問題に対する新たなアプローチを示すことによって、人間は自己理解を深め、より意味のある未来を共に築くことができるのです。

〈48〉宇宙飛行士はロボにおまかせ

宇宙におけるロボットの役割は、その高い耐久性と適応力を活かして、人間が直接アクセスすることの難しい環境での探査任務に貢献します。放射線が降り注ぐ環境下での宇宙探査ミッションにおいて、ロボットは科学的な目的を達成するための優れたツールとなるでしょう。また、ロボットは自律的な移動や操作が可能なため、研究者たちは遠隔地からそれを制御して宇宙領域を探査することができます。これによって未知の天体や惑星に関する重要な情報やデータが収集されれば、宇宙の謎に迫る新たな知識が得られるでしょう。

宇宙ステーションにおいても、ロボットの運用がその重要性を増しています。例えば、ロボットアームや自律型のロボットが、宇宙ステーション上でさまざまな作業を補助し、人間の安全や効率的な運用を支えています。これによって「科学実験の実施」「設備のメンテナンス」「宇宙飛行士の健康管理」などが円滑に行われることが保障されているのです。特に長期の宇宙滞在においては、ロボットの存在が人間の健康状態のモニタリングや負担軽減に貢献すれば、宇宙ステーションでの安全性と成功率が向上するでしょう。

宇宙探査分野においては、ロボット技術の進化と宇宙航行の相互作用が新たな可能性を切り拓いていくかもしれません。探査ロボットが持つ高度なセンサーやカメラ技術を活用すれば、宇宙の奥深くに隠された謎や美しい景観を明らかにすることができるからです。さらに、ロボットと宇宙飛行士が協力して行うミッションによって、宇宙探査の成果はより多角的で豊かなものとなり、宇宙への理解が深化することでしょう。

また、宇宙探査の対象は太陽系内の多彩な天体に及び、その多くは極端な環境下や無重力の中での任務となります。その点、多様な機能と堅牢な構造を持つロボットは、宇宙探査に適したツールと言えるでしょう。例えば、ロボットが自律的に天体の氷を削りながら海の下に潜《もぐ》れれば、そこに潜《ひそ》む生命の存在を解明できるかもしれません。また、大気を持つ天体の探査においては、高度な飛行能力とセンサーを備えたロボットが大気中あるいは地表でデータ収集を行うことによって、その謎を解き明かせるかもしれません。

こうしたロボット技術の進歩によって、未来の宇宙探査は新たな次元が切り拓かれるでしょう。AI技術の成熟によって、宇宙探査ロボットが環境に適応し、自律的に判断を下して科学的な研究を行う能力を向上させるかもしれません。さらに、人間とロボットが連携した宇宙探査ミッションにおいては、人間が地球から遠隔操作でロボットを制御しながら宇宙領域での探査を実現することによって、探査の範囲が拡大し、宇宙の謎解きが加速します。

さらに、宇宙探査においては、資源の採取と利用も新たな展開を迎えます。地球外での資源採取や利用は、将来的な宇宙探査や有人ミッションにおいて持続可能な活動を支えるために重要です。ロボットはその堅牢性と効率的な作業能力を活かして、小惑星からの鉱物資源の採取や水の分離・利用など、地球外での資源供給のための手段を模索するでしょう。

そして、宇宙探査は国際的な協力の複雑なネットワークに支えられており、ロボット技術の進展はこの国際的な連携をさらに強化する要因となります。異なる国や地域がそれぞれの専門分野や技術を持ち寄り、共同で探査ミッションを計画・遂行すれば、宇宙探査の成果を最大限に引き出せるはずです。「探査ロボットや宇宙探査機の運用」「データの共有」「技術の共同開発」などが行われ、宇宙探査分野が国際的な連携を推進する重要なフロンティアとなるでしょう。

当然ながら、宇宙探査の進展は人類の未来に大きな影響を与える可能性を秘めています。新たな惑星・小惑星・彗星の発見は、太陽系の形成と進化に関する重要な情報を提供し、地球外での生命の存在の可能性を示唆するかもしれません。しかも、火星や月のような天体の表面や地下環境での調査は、地球外での資源採取や人間の居住可能性を探るうえで重要なデータを提供するでしょう。加えて、宇宙探査を通じて得られた新たな技術は、地球上の産業・医療・環境保護など幅広い分野に応用される可能性があるのです。

このようにロボット技術の進化が宇宙探査にもたらす変革は大きく、その進展は今後ますます重要性を増すことでしょう。それは自律的な宇宙探査ロボットが誕生し、無人で遠隔地に派遣され、高度なデータ収集や科学的な研究を実行する能力を有するようになるからです。これによって人間が到達することが難しい遠隔地での探査や、厳しい環境下での探査が可能になります。それと同時に、人間とロボットとの協力による宇宙探査ミッションも拡大し、人間の生存が難しい宇宙領域でも探査を進める新たな手段が切り拓かれるはずです。

宇宙探査におけるロボット技術の役割と進化は、人類の宇宙への探求心と未知の領域への好奇心を駆りたて、新たな知識と洞察を提供する重要な要素となります。国際的な協力と技術の進歩によって、宇宙探査はますます多様かつ遠大な展望を持つものとなり、私たちの世代から次世代への希望となることでしょう。

〈49〉人類の文化遺産を守るのはロボット

ロボットの存在は人類の歴史と遺産に深く浸透し、多くの側面でその存在意義を示そうとしています。その最たるものが、文化的な遺産の保存と伝承です。古代の芸術品や歴史的建造物の保護・修復において、ロボットは高い精度と繊細な作業能力を持ち、貴重な役割を果たします。デジタルアーカイブの構築においても、ロボットは大量の情報を収集・整理し、データの永続性を確保する重要なツールとなります。文化的な伝統の継承においても、ロボットは伝統的な工芸品や技術の再現を支援し、新たな世代に継承を手助けします。このようなロボットの活用によって、過去の文化が未来に向けて受け継がれ、維持されることでしょう。

また、ロボットは人類の歴史を解析し、新たな知識を開拓するかもしれません。考古学的な調査において、ロボットが人間の到達できない深海や遺跡の探査を行えば、過去の環境や生活様式に関する貴重な情報を提供できるはずです。古文書の解読においても、ロボットが高度な画像処理技術を活用して、読み取りづらい文字や図像を解析すれば、失われつつある知識を再び明らかにする役割を果たせるわけです。歴史的な出来事の再現やモデリングにおいても、ロボットが精密な計測やデータ収集を通じて過去の状況を再現すれば、歴史的な事象に対する新たな洞察が浮かび上がります。これによって私たちは過去の謎や複雑な出来事の理解を深め、歴史の奥深いレイヤーに迫ることができるでしょう。

さらに、環境の変化や人為的な活動によって脅かされる文化遺産や自然遺産の保護においても、ロボットの存在は不可欠です。ロボットのこれまでにない視点と能力を活かして、遺産の保存と持続可能な管理に貢献することが期待されています。海底に潜む遺跡の保護においては、ロボットが水深や環境に適応して遺跡を調査・記録し、物理的な干渉を最小限に抑えながら価値ある情報を提供する役割を果たします。同様に、森林の広がる地域では、ロボットが高度なセンサーやカメラを備えて監視を行い、密猟や森林伐採などの違法行為を検出し、保護活動を支援します。絶滅危惧種の保護においては、ロボットが生態調査や保護区域のパトロールを担当し、人間の介入が難しい状況で種の生存を支える役割を果たすでしょう。

ちなみに、デジタル技術の進化によって、物理的な遺産だけでなく、デジタル遺産も重要な要素となってきました。そこでロボットが高度な情報収集技術を駆使して、歴史的な文書や写真、音声記録などのデジタル遺産を収集し、保存・整理する役割を果たすわけです。これによって時間や空間を超えて情報へのアクセスが可能となり、人々は過去の知識や文化に触れることで、理解する手段を得ることができます。さらに、ロボットはデジタル遺産の展示や教育活動にも活用され、新たな学びの機会を提供するでしょう。

このようにロボットが人類の遺産に与える影響は、単なる技術の進化を超えて大きな意義を持っています。過去の知識や文化、歴史的な出来事の理解は、現在と未来の社会を豊かにするための基盤となります。ロボットを通じて遺産が保存され、新たな世代に伝えられることによって、人類全体の認識や共感が深まり、遺産の持つ価値がより広く理解されることでしょう。これによって私たちは過去とのつながりを感じ、未来への希望を育むことができるのです。

〈50〉私の大好きな音楽、作詞作曲はロボット

ロボットの進化と技術の発展は、創造性の分野に大胆な変革をもたらしています。アート・デザイン・発明などの広範な創造的領域において、ロボットの役割と影響を深く探求する価値があります。

アートにおいては、ロボットは既存の枠組みを打破し、新たな表現手法と形式を開拓する可能性を秘めています。ロボットアーティストは独自の感性とアルゴリズムを融合させ、キャンバスに独

創的な絵画を描き出したり、リズムとメロディを生成して従来にはない楽曲を生み出したり、極めて精緻な像を彫り出したりするでしょう。加えて、芸術家とロボットが協力することによって、美的体験がさらに深化していくはずです。

デザイン分野では、製品デザインにおいて、ロボットが複雑な形状や構造を生成し、デザイナーがこれを繊細に編集することによって、新たなプロダクト（製品）を生み出すプロセスが展開されるかもしれません。建築分野においては、ロボットが素材の配置や組み立てを効率的に行えれば、持続可能な都市空間や建築物を実現することができるため、建築の未来を変える可能性があります。ファッションデザインにおいても、ロボットがテキスタイル（織物の素材）の創造や繊細なディテールの生成に参加すれば、個性的で革新的なファッションアイテムが生み出されるかもしれません。

このようにロボットの創造性への貢献は、従来の枠組みを超えた驚異的なアートとデザインの創造を実現し、人間のクリエイティビティを新たな高みに導く可能性を備えています。ロボットと人間が共に創造の舞台に立つことによって、未来の美学やデザインの軌跡が刻まれ、豊かな文化と社会を形成するでしょう。

また、ロボットは新たな発明領域に革命をもたらします。「複雑な問題の解決」「新技術の探求」「革新的なアイデアの掘り起こし」などにおいて、ロボットは高度な計算能力とシミュレーション技術を駆使して人間の創造力を補完し、新たな発明の可能性を未知の領域にまで広げていきます。

さらに、ロボットが創造的なプロセスそのものに変革をもたらす可能性も秘めています。AIを駆使したアート生成やデザインツールの開発によって、従来のアートやデザインの枠を超えた斬新な発想や視点が生まれるでしょう。ロボットはデータから学習し、パターンや傾向を発見することで、デザイナーやクリエイターに新たなインスピレーションをもたらすかもしれません。加えて、ロボットと人間が連携して創造プロセスに取り組む場合、異なる背景や専門知識を持つ個々の存在が交わることによって、新たなアプローチやアイデアが花開くことが期待されます。このように人間の直感とロボットの計算力が融合することで、より独創的で効果的な発明が実現するでしょう。

ロボットは単なるツールではなく、共同研究者としての役割を果たすこともあります。特に複雑な問題の解決や先駆的な研究においては、ロボットが「大量のデータ処理」「実験の遂行」「予測モデルの構築」などを迅速かつ正確に行うことによって、人間の研究者が集中的に取り組むことが難しい複雑なタスクを支援できます。ロボットと人間の連携によって、新たな理論や発明の展開が加速されれば、科学と技術の進化がさらなる高みに到達するでしょう。

その一方で、創造性の舞台におけるロボットの参加は、成果物の評価と共感の問題を引き起こします。「ロボットが生み出すアート作品やデザインが、人間の感性に響くかどうか」「ロボットによる芸術性や感情の表現が、どれだけ真に意味を持つか」といった評価基準についての議論が展開されることでしょう。この評価基準をどのように確立し、ロボットの創造活動を人間の創造と同等に評価するかは、未来の創造性の進化において重要な検討課題でもあります。

このようにロボットの創造性への参加がもたらす評価と共感の問題は、創造性の未来において慎重に検討されるべき重要なテーマです。ロボットと人間の共創が新たな展望を開くことができれば、アート・デザイン・発明などの領域において未知の領域が待ちかまえているかもしれません。ロボットと人間が連携する未来は、創造性の限界を押し広げ、新たな創造の時代を切り拓くことにつながることでしょう。

あとがき

　私たちのまわりで、革命的な変化が急速に進行しています。その変化の中心に、ＡＩ（人工知能）とロボティクスの進化があり、「ロボットエイジ」が目前に迫っていることを象徴しています。

　身近な例として、ＡＩが大きな変革をもたらしています。例えば、セキュリティ領域において、店内のカメラはＡＩを活用して、顧客の購買感情を読み取り、商品の陳列方法を最適化できるようになりました。具体的には、カメラは特定の顧客が特定の商品に関心を示していることを検知すると、その商品をより目立つ場所に配置し、関連商品を提案するなどの調整が可能です。これにより、お店は迅速に顧客の要望に応え、売上を最大化できるようになります。

　同様に、防犯カメラも進化し、不正侵入や窃盗のリスクを大幅に削減します。ＡＩは人々の動きを認識し、怪しい行動を検出すると、セキュリティシステムは自動的に警報を発し、状況を監視者に通知することによって、犯罪の未然防止に貢献します。この進歩は、私たちの生活と財産の安全を守る観点からみても革命的な進歩です。

　こうした技術の進化によって、お店はより安全で効率的な場所へと進化し、顧客はますますカスタマイズされたサービスを享受できるようになります。このような進展は、今日《こんにち》、私たちの身の回りで急速に進行しており、「ロボットエイジ」が目前に迫っていることを示唆しています。

本書は、こうした変化を理解し、ロボットの存在がもたらす機会と課題について新たな視点を提供することを目的としています。ロボットの進化とその多彩な役割についての考察から始まり、ロボットと人間の共生、倫理と法律の課題、教育とスキルの再構築、ロボットと社会の持続可能性など、広範なテーマを通じて「ロボットエイジ」の展望をまとめました。

未知の可能性や課題への展望を通じて、ロボットと人間の関係性の未来像を探りました。ロボットがもたらす未来に対する新たな視点を与えつつ、読者に未知の領域での可能性を考える機会を提供するものです。ロボットの役割は今後さらに拡大し、その影響は私たちの社会や文化に大きな変化をもたらすでしょう。

また、ロボットとアートの融合、エンターテインメントの未来、ヘルスケア、都市、農業、経済の変革、個人の生活、国際社会など、多岐にわたる分野でロボットの影響と役割が拡大しています。これに伴って、安全性の確保や倫理的設計、心の健康、人権、民主主義、宗教・哲学、人間関係、救援活動、スポーツ、アイデンティティ、クリエイティビティ、文化の変容、人間の愉楽、エシカルコンシューマリズムなど、重要なテーマについて探求しました。これらのテーマは、ロボットの未来に関連する課題と機会を考察し、今後の進路についての洞察を提供します。

さらに、ロボットがもたらす未来の挑戦と希望、ライフスタイル、人間のコミュニケーション、知識共有、モビリティ、サービス業、労働環境、デジタル社会、プライバシー、人類の進化、サイバーセキュリティ、統治システム、人間の不平等、教育の変革、言語の壁、犯罪、ハーモニー、哲学的探求、宇宙探査、人類の遺産、創造性など、多岐にわたるトピックについて考察しました。これによって、「ロボットエイジ」が生みだす多くの側面とその影響について包括的な洞察を提供し、読者に新たな視点をもたらすことを目指しました。

本書は、「ロボットエイジ」の到来に伴う多様な影響と未来への展望を俯瞰的に捉え、社会の在り方や倫理的な課題に対する新たな考え方を提供することに努めました。読者に、ロボットが人類の未来にもたらす変革について考える機会を提供し、新しいビジネスに関する示唆を与えることを目指しています。この未来志向の書籍は、エンターテインメント・イベントプロデューサーならではの視点とクリエイティブ思考を交えながら記したものであり、その中には「ロボットエイジ」への独自の予見や展望が織り交ぜられています。未来を照らす一冊となることを願っています。

岡村 徹也（おかむら てつや）
プロデューサー／社会学者

1995年に早稲田大学卒業。2004年から名古屋大学大学院で社会環境学を学ぶ。ロック・ポップス・クラシック・ジャズなど国内外アーティストのコンサートや美術展といった各種イベントの企画・運営に活躍。全国各地で地域創生事業も手がけている。企画・プロデュースした主なものに、名古屋都心公園「オアシス21」および池泉回遊式庭園「徳川園」のオープニング事業、2005年日本国際博覧会「愛・地球博」のパビリオン「夢みる山」のテーマシアター『めざめの方舟』（総合演出：押井守監督）、「名古屋ウィメンズマラソン」（世界最大の女子マラソン大会としてギネスブックに掲載）などがある。2022年11月にプロデューサーを務める「ジブリパーク」が開園。2023年からエンターテインメント・イベントプロデューサーとして培った知識と経験を本格的にロボット関連事業へ活用。ロボット業界の成長・活性化に貢献している。

ブックデザイン：ユリデザイン 中尾香

ロボットエイジ

人間との共存は可能なのか——ロボットビジネスにおける50の視座——

令和6年1月22日　第1刷発行

著　者　岡村徹也
発行者　赤堀正卓
発行・発売　株式会社　産経新聞出版
〒100－8077　東京都千代田区大手町1-7-2
産経新聞社内
電話03-3242-9930　FAX 03-3243-0573
印刷・製本　サンケイ総合印刷

ISBN 978-4-86306-174-3